黄河流域综合干旱
时空动态演变模拟与预估

冯凯 著

中国水利水电出版社
www.waterpub.com.cn
·北京·

内 容 提 要

在碳排放持续增强背景下，干旱诱发因素越加复杂，旱灾风险更加严峻，给粮食和生态安全带来巨大挑战。本书以黄河流域为研究区，利用观测数据对 CMIP6 中多个气候模式的降水和气温数据进行评估和优选，进而耦合 VIC 水文模型模拟干旱评估需要的水循环要素，构建多变量综合干旱指数 $MSDI\_CO_2$ 并评估其适用性；基于干旱事件三维识别技术，实时追踪干旱迁移轨迹，揭示黄河流域未来综合干旱时空连续演变趋势，提高干旱预测水平；基于最优边缘分布以及 Copula 函数预测未来时期黄河流域综合干旱多特征变量的联合发生概率及重现期特征。

本书主要面向水利、气象和应急管理等领域从事防灾减灾及相关工作的研究人员和其他专业技术人员。

图书在版编目（CIP）数据

黄河流域综合干旱时空动态演变模拟与预估 / 冯凯
著. -- 北京：中国水利水电出版社，2024. 8. -- ISBN
978-7-5226-2787-8

Ⅰ. P426.615

中国国家版本馆CIP数据核字第2024HR8547号

书　　名	**黄河流域综合干旱时空动态演变模拟与预估** HUANG HE LIUYU ZONGHE GANHAN SHIKONG DONGTAI YANBIAN MONI YU YUGU	
作　　者	冯凯 著	
出版发行	中国水利水电出版社 （北京市海淀区玉渊潭南路 1 号 D 座　100038） 网址：www.waterpub.com.cn E-mail：sales@mwr.gov.cn 电话：(010) 68545888（营销中心）	
经　　售	北京科水图书销售有限公司 电话：(010) 68545874、63202643 全国各地新华书店和相关出版物销售网点	
排　　版	中国水利水电出版社微机排版中心	
印　　刷	天津嘉恒印务有限公司	
规　　格	170mm×240mm　16 开本　11 印张　215 千字	
版　　次	2024 年 8 月第 1 版　2024 年 8 月第 1 次印刷	
定　　价	**60.00 元**	

前　言

　　二氧化碳排放促使温室效应持续加强，全球气候变暖加剧了水循环过程，导致极端气候事件频繁发生。干旱是一种破坏性极强的自然灾害，对水资源及粮食安全构成严峻威胁，迫切需要建立可靠的早期干旱监测及预警系统，变被动抗旱为主动抗旱。干旱的诱发因素极其复杂，客观合理的干旱指数对干旱监测和预测至关重要。同时，干旱演变具有时空连续的动态特征，当前研究鲜有从三维视角对干旱的时空连续演变过程及规律进行追踪模拟，不足以支撑干旱动态预测及减灾管理需求。

　　2019 年 9 月，习近平总书记提出了黄河流域生态保护和高质量发展重大国家战略，指出要着眼长远减少黄河水旱灾害，加强科学研究，完善防灾减灾体系，保障黄河长治久安、促进全流域高质量发展，让黄河成为造福人民的幸福河。因此，本书以黄河流域为研究区，首先，基于实测数据对 CMIP6 中多个气候模式的降水和气温数据进行模拟精度评估，优选气候模式并预测气象要素的变化趋势。随后，构建黄河流域 VIC 水文模型并模拟径流、土壤水等水循环要素，利用联合概率分布函数构建考虑降水、潜在蒸散发、径流以及土壤水的多变量综合干旱指数 MSDI_CO$_2$，分析黄河流域 1991—2014 年综合干旱时空变化特征及其对植被的影响效应。最后，基于干旱事件三维识别技术提取干旱特征变量，追踪黄河流域未来干旱时空连续演变过程，预测未来干旱发展规律及重现期特征。

　　主要的研究内容如下：

　　(1) 系统评估 CMIP6 气候模式对黄河流域降水和气温的模拟精度，建立水文模型与 CMIP6 的耦合模式，预测黄河流域未来气象水文要素的变化规律。

基于均方根误差、相关系数等方法确定多模式集合平均对黄河流域降水和气温的模拟效果最优，能够较为准确地反映其时空分布特征。未来时期，黄河流域年、季、月尺度降水量、最高气温和最低气温较历史时期均呈现增大趋势，趋势率随着排放情景的增大而增大；季节变化的空间分布特征也均呈现出增大趋势，随着排放情景的增加，降水量趋势率高值区面积随之增大，最高气温趋势率高值区面积呈减小趋势。构建的黄河流域 VIC 水文模型能够较好地模拟天然条件下的水文循环过程，模拟精度较高。未来时期，花园口站年均径流量相对于历史时期呈现减小趋势，未来中期月均径流量小于未来初期；径流深和土壤水在研究区西部以下降趋势为主，东部以上升趋势为主，且呈上升趋势的面积随排放情景的增加而增大。

（2）构建考虑降水、潜在蒸散发、径流以及土壤水的多变量综合干旱指数 MSDI_CO$_2$，全面阐述黄河流域综合干旱时空演变特征及其对植被的影响效应。

经验证，MSDI_CO$_2$ 指数能够较为准确地捕捉到干旱开始、持续时间、结束等特征，能够较好地反映黄河流域受灾/成灾范围，在表征实际综合旱情上具有优越性，同时也具有一定的干旱预警能力。黄河流域综合干旱具有 3 个月的主周期，且年内波动在 MSDI_CO$_2$ 序列变化中起主导作用。1991—2014 年黄河流域综合干旱呈减缓趋势，春季、夏季和冬季呈湿润化趋势的区域主要集中在上游前段区域，秋季呈湿润化的区域面积占比高达 96.39％；黄河流域综合干旱频率随着干旱等级的升高而减小，夏季干旱强度呈上升趋势，春季、秋季和冬季均呈下降趋势。黄河流域短时间尺度的 MSDI_CO$_2$ 对 NDVI 具有较强的影响效应，且上游地区的影响效应普遍大于中游地区；黄河流域综合干旱与植被生长状况在中长时间尺度上表现出相对稳定的显著正相关关系，短时间尺度上的共振特征变化频繁且复杂。

（3）精准模拟不同气候情景下时空连续的干旱动态演变过程，揭示黄河流域未来干旱发展趋势及发生概率。

未来时期，黄河流域春季干旱呈减弱趋势，夏季、秋季和冬季干旱趋于严重化，干旱化面积较历史时期呈增大趋势；黄河流域未来发生中旱的频率较高，不同等级干旱发生频率随排放情景的增加而增大；黄河流域干旱强度高值区随时间推移呈增大趋势，且逐渐由东北向西南方向扩散。基于干旱事件三维识别结果，未来时期黄河流域干旱事件的严重程度在 SSP245 情景下表现为先减弱后增强，SSP585 情景下呈现逐渐增强的趋势；甘肃东部、宁夏南部以及陕西西部地区为未来时期黄河流域的主干旱中心区域，随着排放情景的增多，小规模干旱事件呈减少趋势，高烈度、大面积的干旱事件呈增加趋势；黄河流域未来季节干旱整体上以向东（东南和东北）迁移为主，春季干旱事件平均迁移距离最短，夏季干旱事件平均迁移距离最长；黄河流域未来联合重现期较高的干旱事件主要集中在宁夏南部和甘肃东北部地区。

　　本书是在国家重点研发计划项目"耦合水网工程和特大干旱孕育过程的渐进式动态供需水预测预警"（2023YFC3006603），国家自然科学基金项目"变化环境下农业干旱响应机理及智能预测方法研究"（51779093）、"基于水文水质作物生长耦合模型的引黄灌区节水灌溉模式研究"（52179015）、"黄河流域综合干旱时空动态仿真模拟及其对碳循环的作用机制"（42301024），河南省重点研发与推广专项项目（科技攻关）"气候变化背景下干旱时空演变规律预测研究——以黄河流域为例"（222102320043）、"综合干旱动态演变模拟及其对植被碳汇/源的影响机理研究"（242102321114）支撑下完成的。

　　由于作者水平有限，难免存在不妥之处，敬请读者批评指正。

作者

2024 年 7 月

目 录

第 1 章

绪　　论

1.1　研究背景和意义

全球气候变暖已成为人类共同面临的环境问题，受到世界各国及公众的广泛关注。据联合国政府间气候变化专门委员会（IPCC）第六次评估报告报道，与 1850—1900 年相比较，2001—2020 年全球平均地表气温升高了 0.99℃，2010—2020 年更是增温达 1.09℃，而 1951—2012 年间全球平均地表气温升温速率为 0.12℃/10a，相当于是 1880 年以来升温速率的两倍[1]。气候变暖加剧了水循环过程，导致极端气候事件（如干旱和洪涝）频繁发生，引发作物减产、生态环境恶化等一系列连锁灾害，给水资源的可持续利用带来了严峻挑战[2-3]。干旱的发生和演变受到多种因素的复杂影响，既与大气圈相关，也与气候系统中的水圈、冰雪圈、岩石圈、生物圈以及人类活动息息相关。干旱是分布最为广泛且破坏性极强的自然灾害之一，造成全球年均直接经济损失多达 80 亿美元，占所有气象灾害损失的 50%[4-6]。大面积持续性干旱对水资源、环境和生态系统造成的压力不容小觑[7-8]，而且给农牧业和工业带来了极大的影响，造成严重的经济损失。面对气候变暖导致的旱灾风险，以往的救灾经验表明与灾后抢险救灾相比，风险规避具有更高的时效意义，第三届世界减灾大会确立的未来减灾目标和优先行动事项中一致强调了灾害监测预警及科学防范灾害损失的重要性与迫切性[8]。因此，及时高效的干旱评估与预测是制定抗旱策略及减轻旱灾损失的重要途径，是决策部门主动防旱的重要基础依据，对保证社会经济的可持续发展具有重要意义。

全球气候异常往往给许多国家的水资源、农业、能源和交通等部门造成巨大的影响和损失。我国由于具有特殊的地理和气候特征，成为受气候暖干化影响最为严重的国家之一。同时我国是一个水资源相对缺乏的国家，随着人口的增长和经济的发展，对水资源的需求量也将不断增加。另外，我国水资源空间分布不均，尤其是近年来受气候异常的影响，大量事实证明我国部分地区的干旱发生率呈现上升趋势，干旱化正在加剧。2018 年《中国气候变化监测公报》显示，1951—2017 年我国平均气温以 0.24℃/10a 的速率显著上升，加之水资源分布不均，我国呈现出干旱频次、受旱面积及旱灾损失增加的趋势[9-10]。据《中国水旱灾害统计公报》可知，1950—2017 年平均每两年就会发生一次极端干旱事件，全国每年因旱受灾面积 2050.2 万 hm²，成灾面积 919.7 万 hm²。2000 年以后，重大或特大极端干旱事件的发生更加频繁，如 2000 年长江流域、2006 年川渝地区的干旱事件，2009—2010 年西南五省百年一遇的冬春连旱事件，2011 年黄河中下游地区的春夏连旱事件，频发的极端干旱事件以及日趋严峻的干旱情势对生态健康、粮食安全及国民经济的有序发展构成严重威胁[11-12]。2021 年全国干旱灾害呈阶段性发生，南方地区出现冬春连旱，西北地区出现夏旱，广东地区降水量偏少两成出现秋冬连旱现象。日趋严峻的干旱灾害除了与气候变化引起的蒸散发升高或降水减少有关外，干旱动态演变可视化预测能力不足也是一个重要的制约因素[13]。当前我国对干旱发生及演变过程机制认识不够深入，在干旱预测和应对能力方面稍显不足，迫切需要建立可靠的早期干旱动态可视化预测机制，变被动抗旱为主动抗旱、科学抗旱[14-15]。

　　黄河流域位于干旱、半干旱地区，受地理位置及大气环流的影响，水文气象条件复杂多变，从古至今常年遭受干旱侵扰，是我国各大流域中干旱化较为突出的区域[16]。黄河水资源总量仅占全国水资源总量的 2%，人均水资源量为 530m³，将近国际现行严重缺水标准的一半（1000m³/人），同时黄河水资源开发利用率高达 80%，远远超过一般流域生态警戒线。黄河流域承担着下游近 50 座大中小城市的供水任务，频发的干旱态势直接或间接引发了流域水库干涸、河流断流等一系列问题，严重影响了流域经济的发展。2005 年以来，黄河流域干旱频繁发生，受灾面积逐年增加，存在显著的连季干旱事件，如 2008—2009 年的冬春连旱事件，部分省份甚至达到 50 年一遇；甘肃、陕西、山西、河南和山东五省干旱面积高达 7.53 万 km²，约占全国受灾面积的 70%，9000 万人因旱受灾，农作物受灾面积高达 9 万 km²，直接经济损失多达 60 亿元[17]。同时，黄河流域是我国重要的粮食农产品生产加工基地之一，每年农产品总量约占全国的 13.4%，其中流域内耕地总面积是 2023.46 万 hm²，大约占全国的 16.6%[18]。水资源匮乏向来是黄河流域面临的严峻问题，随着人口总数的增长以及社会经济的扩张，水资源供需矛盾日益突出[19]。未来全球气候变化可能加速黄河流域水资源供需矛盾恶化，直接影响到沿黄流域旱涝灾害的发生概率，给生态安全、经济安全及人民的生产生活带来了严重影响，制约了黄河流域的高质量发展[20]。因此，开展变化环境下黄河流域干旱预测研究对缓解水资源压力、保障粮食安全具有重要意义。

党的十八大以来，习近平总书记多次实地考察黄河流域生态保护和经济社会发展情况。2019年9月18日，习近平总书记在郑州主持召开黄河流域生态保护和高质量发展座谈会并发表重要讲话，作出加强黄河治理保护、推动黄河流域高质量发展的重大部署。会议指出黄河是中华民族的母亲河，要把黄河流域生态保护和高质量发展作为事关中华民族伟大复兴的千秋大计，统筹推进山水林田湖草沙综合治理促进全流域高质量发展，让黄河成为造福人民的幸福河。会议强调要着眼长远减少黄河水旱灾害，加强科学研究，完善防灾减灾体系，提高应对各类灾害能力，将水旱灾害预警能力及防灾体系建设纳入黄河流域生态保护和高质量发展国家战略规划中。可见水旱灾害在黄河流域治理中的重要地位。

因此，针对干旱这一制约黄河流域经济社会可持续发展的重大障碍因素，黄河流域未来干旱时空动态演变可视化预测亟待研究解决，研究取得进展以后将有助于提高黄河流域抗旱水平和抵御干旱风险的能力。

1.2　国内外研究现状

1.2.1　干旱的定义及分类

干旱是一种渐变的复杂自然现象，具有持续时间长、影响范围广、危害程度深等特点[2,21]，一直以来都是国内外研究的热点问题。由于干旱的影响因素众多，形成原因异常复杂，加之不同地区自然环境和社会经济状况迥异，目前对于干旱的定义没有统一的标准。Wilhite[22] 从概念式和定量描述式角度阐述干旱定义，概念式定义主要从定性角度阐述干旱内涵，即降水量持续低于正常水平；定量描述式定义主要根据干旱开始结束时间、干旱烈度和干旱面积等特征来描述和分析。世界气象组织[23] 认为降水量长期、持续短缺即为干旱；联合国公约[2] 认为，当降水量明显低于正常水平，水分收支严重失衡，出现不利于作物生长生产的现象时便发生干旱；世界粮农组织[24] 定义干旱为特定时期内降水不足导致土壤水分亏缺以至不能满足作物正常生长所需的水分；气候和天气百科全书定义干旱为某个区域某一时段内降水量低于多年统计平均值；Gumbel[25] 定义干旱为日径流最小的年度值；Palmer[26] 定义干旱为某个地区的水文条件显著异于正常状态；社会经济各个部门为了防旱减灾需要定义干旱为径流和水量的亏缺。

可以看出，虽然干旱的定义各有不同，但均认为干旱与水分亏缺相关。根据干旱相关变量描述的不同，干旱可分为气象干旱、农业干旱、水文干旱和社会经济干旱四类[27]。气象干旱与大气条件有密切关系，指某段时间内降水量持续低于平均水平或者由于蒸发量与降水量的收支不平衡造成的水分亏缺的现象[28]，许多常用的气象干旱指数均是以降水量为唯一考虑要素；农业干旱是指在作物生育期内，由于土壤水分持续不足造成作物根系水分亏缺，影响农作物正常生长，导致农作物减产甚至死亡的现象[29]；水文干旱指的是由于长期降水短缺影响地表水及地下水的补给，导致地下水可利用量、河川径流量减少，低于正常水平的现象[30]；社会经济干旱则是指自然供水系统与人类社会需水系统中发生的水分供需不平衡导致的异常水分短缺现象[31]。这四类干旱特点各不相同又相互联系，大气降水亏缺引起的气象干旱最先发生，是其他干旱发生的基础。降水的继续不足使得土壤水分不足以供给作物正常生长所需的水分，造成作物减产乃至绝收，即发生农业干旱。当降水量持续减少，地表和地下水量分配不足、河川径流量减少，继而影响生态环境，引起水文干旱。如果气象干旱持续发展，会出现多种干旱并存的现象，影响城市生活供水和工业用水，从而严重影响到国民经济发展，导致社会经济干旱。随着研究的不断深入以及开展干旱研究的需要，地下水干旱和生态干旱等干旱类别也得到了一定的应用[32]。

1.2.2 干旱指数研究进展

干旱诱发因素复杂，难以界定，为了准确监测干旱的发生发展过程并评估其影响程度，学者们尝试采取干旱指数对干旱的发生结束时间、影响范围和严重程度等特征进行定量化描述[33]。干旱指数作为干旱监测及评估工作的重要手段，通过一系列无量纲的数值来反映水分的亏缺程度，描述旱情的发展过程。干旱指数构建得越客观合理，刻画的干旱状况就越准确真实[34]。鉴于全球气候差异显著，特别是我国特殊的地理和气候特征，针对不同的研究目的和应用需求，各种各样的干旱指数应运而生，目前国内外学者已开发的干旱指数多达上百种。本节对不同干旱指数的驱动因子、所属类型及原理方法进行比较，对干旱指数的发展历程进行总结归纳，将干旱指数分为单类型干旱指数和综合干旱指数。

1.2.2.1 单类型干旱指数

1. 气象干旱指数

气象干旱指数的研究经历了漫长的发展过程，目前国内外常用的气象干旱指数主要与降水、气温、蒸发和相对湿度等因子有关，分为以下几类。

（1）以日降水量大小或以某一时段降水与同期平均状态的距平百分比，来直观反映降水异常引发的干旱。该类干旱指数意义明确、计算简单，在气象干旱监测中较为常见，如 Blumenstock 指数[35]、标准差降水指数[36]、前期降水指数[37]、RAI（rainfall anomaly index，降雨异常指数）[38]、BMDI（Bhalme and Mooley drought index，Bhalme 和 Mooley 干旱指数）[39] 等。Kincer[40] 提出使用连续 30d 或以上 24h 的降水量小于 6.35mm 的天数来表征干旱事件。韦开等[41] 基于降水距平百分率分析陕西省近 50a 的气象干旱状况，结果显示干旱年份降水年内分配不一致。但这类指数未考虑蒸发和下垫面的状况，且在某些降水统计离散度较大的地区，多年平均值不能很好地代表典型情况。

（2）基于降水和蒸散发不同组合形式的指数，反映自然水分主要收入（降水量）与主要支出（蒸散量）的平衡关系，如湿润度和干燥度指标。该类指数在气象学等诸多领域得到了广泛应用[42]，不少学者基于湿润度指数在气象干旱方面开展了大量的研究工作[43-44]。杨少康等[45]基于干燥度指数分析长江上游流域的时空变化特征。尹春艳等[46]分析了内蒙古自治区兴安盟岭南地区干燥度指数的年际变化特征及其主要气象影响因子。这类指数虽考虑了下垫面条件，但其考虑的蒸发能力是基于充分供水条件下的土壤蒸散量，不能真实反映作物的实际需水情况及土壤各时期的供水情况[47]。

（3）假定降水量或水分亏缺量符合某种概率分布函数，经过标准化转换得到的指数。如降水 Z 指数、标准化降水指数（standardized precipitation index，SPI）和标准化降水蒸散指数（standardized precipitation evapotranspiration index，SPEI）等。Kite[48]假设某一时间内的降水量服从 P-Ⅲ型分布，根据标准化指数的等概率转化方法，对降水量进行逆标准化处理，将概率密度函数 P-Ⅲ型分布转化为以 Z 为变量的标准正态分布，即得到 Z 指数。该指数在气候变化特征及旱涝灾害响应方面得到了应用[49]，但它忽略了降雨量年内分配不均匀的特征，也忽略了气候变暖、蒸发增大对干旱的影响，时空变异大。

SPI 是表征某时段降水量出现概率多少的指标，在计算时假定某一时段内的累计降水量服从伽马分布[50]。SPI 具有计算简便、多时间尺度特征以及空间可比性的优点，是目前气象干旱研究中使用率较高的指标之一[51]。Cheval 等[52]利用 SPI 对 1961—2010 年罗马尼亚的气象干旱时空分布特征进行了分析，发现冬季大规模的大气环流是干旱的主要驱动力，夏季干旱的主要驱动力则是热力学因素（温度、湿度等）。李斌等[53]利用 SPI 揭示了陕西省干旱较为频繁且持续时间较长，干旱范围呈扩大趋势。SPI 仅以降水为基础，忽略了气温和蒸发量对干旱发生的影响，对气候变化条件下的干旱问题研究具有局限性[54]。

SPEI 考虑了大气需水量（PET）与可供水量（P）之间的平衡关系，结合了 PDSI 对蒸散发变化的灵敏度以及 SPI 计算简单和多时空的自然属性，是研究增温影响干旱化过程和干旱监测比较理想的工具[55]。月时间尺度的 SPEI 对于短期降水和温度变化较为敏感，6 个月时间尺度的 SPEI 能够较好地反映下层土壤水分和河流径流量的规律[56]。国内外众多学者利用 SPEI 在研究干旱时空演变特征和旱情监测评估方面开展了大量的工作[57-58]。

2. 农业干旱指数

农业干旱影响因素更为复杂，不仅与地形、降水、温度等自然因素有关，还与耕作制度和灌溉工程等人为因素有关，其发生发展过程极其复杂。土壤含水量或作物受旱数据是构建农业干旱指数的基础，由于不同作物对水分和热胁迫的响应不同，所以农业干旱指数对每种作物的直接影响难以统一。土壤相对湿度指数（soil moisture index，SMI）、土壤湿度异常百分比指数（soil moisture anomaly percentage index，SMAPI）和土壤含水量指数都是以土壤水分作为判定农业干旱是否发生的标准。如贾秋洪等[59]利用土壤相对湿度指数，对鹰潭红壤区季节性干旱进行判别研究。吐尔洪·肉斯旦[60]采用SMAPI评估塔里木河流域农业干旱时空演变特征。作物旱情指数是根据作物的生理生态特征（叶面温度、作物长势等）来反映干旱的严重程度，如植被状态指数（vegetation condition index，VCI）[61]、温度状态指数（temperature condition index，TCI）、作物水分指数（crop moisture index，CMI）[62]和水分亏缺指数（water deficit index，WDI）[63]等。其中WDI具有极强的理论依据，该指数能够有效地应用于中国区域内裸土和各种覆盖条件下的干旱监测[64]。

20世纪中期，Palmer[26]提出了帕尔默干旱指数（Palmer drought severity index，PDSI），该指数以潜在蒸发为基础，考虑了降水、蒸发、径流和土壤水等因素，利用双层土壤水量平衡模型估计土壤含水量累积变化情况。PDSI同时考虑了当前的水分条件和前期的水分状况及持续时间，能够定量描述干旱特征，成为当时干旱监测指标的里程碑[65]。

3. 水文干旱指数

水文干旱指数多与径流量、融雪和地下水等因素有关[66]。Shukla等[67]和Nalbantis[68]借鉴了SPI理论，将指数中的驱动因子由降水替换成径流，提出了标准化径流指数（standardized runoff index，SRI）和径流干旱指数（streamflow drought index，SDI）。SRI指数由于计算简单，区域性适应性强而得到广泛的应用，任立良等[69]采用多种SRI参数优化方案，对比各方案对非平稳干旱表征的合理性，并利用SRI评估渭河流域水文干旱演变特征。以SRI为基础，基于GAMLSS模型，构建改进的时变径流指数（SRIt）[70]和非平稳标准化径流指数（NSRI）[71]也能够较好地反映水文干旱特征。地表供水指数（surface water supply index，SWSI）[72]考虑了降雪、流量、水库蓄水等要素而具有很强的季节性特征，夏季能够反映降水、径流和水库蓄水量的亏缺状态，冬季着重强调融雪的作用。上述水文干旱指数多侧重于地表径流，忽略了地下水在水文循环过程中的重要作用，翟家齐等[73]构建的标准水资源指数SWRI充分考虑地表水和地下水的综合盈亏情况，能够很好地识别流域水文干旱事件。

4. 社会经济干旱指数

社会经济干旱是指人类社会需水排水系统与自然降水系统、地表地下水量分配系统发生的水分供需不平衡导致水资源短缺的现象[31]，目前社会经济干旱的相关研究仍然处于起步阶段。Ohisson[74]提出的社会缺水指数（social water scarcity index，SWSI），用于反映社会所面对的干旱胁迫程度。Huang 等[75] 基于多元标准化可靠性与弹性指数（MSRRI）分析黑河流域的社会经济干旱演变特征。陈金凤等[76] 提出的水贫乏指数（WPI）能较全面地反映不同区域的水资源状况和相对缺水程度。此外，用于评估社会经济干旱的指标还有干旱经济损失指数、农村干旱饮水困难百分率、城市干旱指数等。

5. 地下水干旱指数

地下水干旱是一定时期内地下水补给减少和地下水储存与排放减少导致的干旱[2]。地下水干旱并没有被单独考虑到上述四类传统干旱分类中，经常作为一个影响因素纳入水文干旱或农业干旱的计算中。由于构建地下水干旱指数需要引入可观测的水位、储量、地下水补给和排泄量等变量，造成地下水干旱定量评估面临困难。目前已有一些关于地下水干旱的研究，如 Mendicino 等[77] 提出的地下水资源指数（groundwater resource index，GRI）可以较好地监测地下水资源；Bloomfield 等[78] 基于 SPI 计算方法，构建的标准地下水干旱指标（standardized groundwater index，SGI）得到了广泛的应用；Li 等[79] 采用地下水干旱指数（groundwater drought index，GDI）评估了美国部分地区承压井和半承压井地下水干旱；Thomas 等[80] 利用 GRACE 重力卫星数据对地下水储量进行反演并构建了地下水干旱指数（GRACE groundwater drought index，GGDI），分析了美国加利福尼亚州中部地区的地下水干旱状况。由于受自然因素和人类活动的共同影响，地下水干旱较为复杂，目前还没有一个相对简单而统一的地下水干旱指数被普遍应用于不同的观测站点和地下蓄水层[2,81]。

1.2.2.2　综合干旱指数

干旱的形成和演变是一项极其复杂的系统工程，早期的干旱指数驱动因子大部分是单一变量，忽略了下垫面、作物和其他相关因素的影响，不能准确反映干旱发生的严重程度。从时间上看，气象干旱通常是最先发生的，随着水分亏缺加剧，渐渐会发生农业干旱、水文干旱甚至社会经济干旱，因此，一场严重干旱事件往往会涉及多种类型干旱。干旱的成因复杂、影响因素繁多，降水、蒸散发、径流、土壤水等要素之间存在复杂的物理相互作用，共同驱动水循环过程，现有干旱指数往往从气象、水文或农业等单个角度描述干旱[2,82]，难以全面客观描述复杂的干旱状况[83]。近年来，融合多要素的综合干旱指数构建和应用成为研究热点[84]，由于不同行业不同部门对干旱的理解不尽相同，综合干旱指数研究依然处于不断地探索和完善中。当前，综合干旱指数的构建方法主要包括水量平衡法、线性权重法和概率统计法。

1. 水量平衡法

干旱的发展演变过程可看作是水分的交换和传递，与区域水分条件和水文循环过程具有密切联系，因此，水量平衡方法可用来描述区域水分供需的动态平衡关系，通过计算水分亏缺量来构建综合干旱指数，监测评估干旱情势。如考虑降水、土壤水和径流等水文过程，耦合 VIC 模型构建的 SZI 指数，能够精准描述区域需水量，反映干旱发生状况，相关研究验证了该指数在全国范围内的适用性[85]。基于水量平衡法构建的干旱指数具有较强的物理基础，但是缺乏对水文现象特征的描述[84]。

2. 线性权重法

线性权重方法通过遵循一定规则为每个自变量赋予一定的权重因子，然后以线性加权方式组合起来，核心是权重因子的选取[86]。如 Mo[87] 将不同时间尺度的标准化降水指数（SPI）、标准化径流指数（SRI）以及总土壤湿度百分位指数（soil moisture percentage，SMP）进行等权重线性组合构建了广义平均指数（generalized average index，GMI）；Svoboda 等[88] 提出了一种基于线性加权方法的干旱指数目标集合（objective blend drought index，OBDI）；Hao 等[89] 采用等权重的线性联合干旱指数（linearly combined drought index，LDI）进行干旱预测；Xia 等[86] 基于径流、实际蒸散发、表层土壤水、整层土壤水 4 个变量，采用优化算法对各变量权重因子进行率定，构建北美陆面数据同化系统优化组合干旱指数 OBNDI。我国基于标准化降水指数（权重因子 0.4）以及相对湿润度指数（权重因子 0.8）构建了 CI 指数[90]，可用来动态监测干旱发生、发展和结束过程。Huang 等[16] 利用可变模糊集方法确定气象、农业和水文干旱指数的权重，构建了综合干旱指数（integrated drought index，IDI），对黄河流域的干旱状况监测评估。线性权重组合方法构建的复合干旱指数简单易懂，具有很好的实用性，但忽略了变量之间的相关关系，权重因子的选取具有较大的主观性。因此，有研究者考虑变量间的相关性来构建综合干旱指数，其中以主成分分析法为代表。主成分分析方法考虑多个变量间相关关系，通过保留主要成分摒弃次要成分，将潜在的相关变量通过线性正交变换转化为数量相等、线性不相关，且对原始数据集的解释程度依次降低的成分集合。Keyantash 等[91] 基于主成分分析方法建立了集水文、气象和农业干旱为一体的综合干旱指数（aggregate drought index，ADI）。常文娟等[92] 基于主成分分析法构建了考虑降雨、径流和土壤含水量等要素的综合干旱指数。基于主成分分析法构建的综合干旱指数一般是保留降维后的第一成分，不能全面地保持原始变量的全部信息，且无法反映水文气象要素信息的非线性特征[93]。

此外，熵理论也是构建综合干旱指数的一种常用方法，Rajsekhar 等[94] 基于熵值法构建了多变量干旱指数（multivariate drought index，MDI）。任怡等[95] 结合 PDSI、SPI 和 SPEI 的特点基于熵权法和模糊综合法构建了一种模糊综合评价指数。线性组合法和熵权法构建的复合干旱指数均假定不同干旱指数之间存在线性关系，以经验之法确定不同干旱指数之间的权重关系，该类指数无法准确描述各类干旱之间的协变关系，主观性较强，导致综合干旱指数的物理意义不够明确[84]。

3. 概率统计法

线性方法难以全面描述干旱变量（降水、径流、蒸发、土壤水）之间复杂的物理关系，一些研究者提出利用 Copula 函数来解决多个变量之间复杂的非线性关系，Copula 函数根据相关性结构将多个单变量边际分布函数组合在一起构造联合概率分布[96]。张迎等[83] 和粟晓玲等[97] 基于 Copula 函数，构建了气象-水文综合干旱指数。Kao 等[98] 利用多参数 Copula 函数构建降水和径流的多元联合分布，经过高斯逆标准化开发了多变量干旱指数（joint deficit index，JDI），为多元干旱指数的发展提供了新思路。Ma 等[96] 基于多维高斯 Copula 和 t – copulas，以标准化帕尔默干旱指数（SPDI）为基础，构建了综合干旱指数 SPDI – JDI。Zhu 等[99] 基于 Copula 函数构建了气象干旱与水文干旱联合分布模型，探究了黄河流域干旱事件的演变规律。Hao 等[100] 基于二维 Copula 函数联合 SPI 指数和 SSI 指数提出了多元标准化干旱指数（multivariate standardized drought index，MSDI），同时考虑了降水（P）和土壤水（soil moisture，SM）表征气象-农业综合干旱特征；Huang 等[101] 发现 MSDI 采用的参数化方法不能够准确反映干旱指数的尾部特征，对其进行改进提出了非参数多元标准化干旱指数（nonparametric multivariate standardized drought index，NMSDI）；李勤等[102] 认为 MSDI 指数仅考虑了 P 与 SM 信息，没有考虑潜在蒸散发（PET）对干旱的影响，在干旱监测中存在一定局限性，因此，他们考虑了 PET 的影响，并综合标准化降水蒸散指数（SPEI）与 SSI 特点，提出了改进的多元标准化干旱指数（modified multivariate standardized drought index，MMSDI）。

MMSDI 的基本原理是采用 P 与 PET 的差值代替原 MSDI 中 P 作为两变量之一与 SM 作为联合分布变量，其中 P 是实测数据或陆面模型的输出数据，PET 则需要基于气象变量（温度、风速等）利用模型估算得出。地表植被蒸腾、水面和土壤的蒸发共同影响着蒸散发过程，由蒸散发作为水文循环和能量平衡的关键要素，能较好地反映流域需水和植被耗水情况[103-104]。PET 作为 ET 的理论上限，与降水共同决定区域的干湿状况[105]，PET 估算是作物需水预测的关键。通常采用 Penman – Monteith（P – M）公式对 PET 模型进行估算[106]，P – M 公式假设地表阻力（r_s）为常数（70s/m），此方法适合当前的气候状况。但是在全球气候变化背景下，PET 在时间序列和空间格局上都发生了较大变化[107-108]。已有研究表明 r_s 随着 CO_2 浓度的增长而增加，主要原因是高浓度 CO_2 导致植被部分气孔关闭以及 CO_2 浓度升高使得大气压差增大，影响气孔开放[109]。同时人类活动加剧了 CO_2 排放量，IPCC 表明当前大气中 CO_2 浓度含量已高出 400ppm，未来中排放情景下（SSP245）21 世纪末 CO_2 浓度达 670ppm，高排放情景下（SSP585）CO_2 浓度达 1140ppm。CO_2 浓度增加会作用于 PET 的计算结果，PET 的改变进而影响干旱指数评估效果。基于此，Yang 等[110] 提出了考虑未来气候状况 CO_2 浓度计算 PET 的 P-M 公式（PET_CO_2），基于第五次国际耦合模式比较计划项目（coupled model intercomparison project phase 5，CMIP5）的（global climate model，GCM）输出数据计算帕尔默干旱指数（PDSI），预测 2006—2100 年全球干旱变化趋势。Yang 等[111] 研究表明依据未考虑 CO_2 浓度影响 PET 计算的 PDSI 指数会高估干旱状态。张更喜[112] 对比分析了考虑 CO_2 浓度影响和未考虑 CO_2 浓度影响的 SPEI 指数对中国区的干旱预测，结果表明考虑 CO_2 浓度影响的 SPEI 指数更合理。

1.2.2.3　分布式水文模型在干旱指数中的应用

分布式水文模型和干旱指数的多变量耦合也是综合干旱指数研究的焦点。分布式水文模型能够充分考虑流域水文特性的空间异质性，将流域离散成诸多较小单元，假设水分在离散单元之间进行运动和交换。这与自然界中下垫面的复杂性和降水时空分布不均性造成的流域产汇流过程表现出的高度非线性特征是相符的。分布式水文模型具有较强的物理机制，综合考虑气象水文要素间的内在联系，所揭示的水文循环物理过程更接近客观实际，将水循环过程融入干旱指数，在一定程度上弥补了单类型干旱指数对旱情评估的片面性。干旱指数与水文模型常用的耦合方式为基于水文模型输出的水文要素作为干旱指数的驱动因子，如许继军和杨大文[13] 采用分布式水文模型（geomorphology-based hydrological model，GBHM）替代 PDSI 的简单两层水桶模型，构建具有物理机制的 PDSI；徐静等[113] 基于双源蒸散发的混合产流模型，遵循 PDSI 思路构建了适用于我国北方半干旱地区的机理性旱度模式，较好地展现了干旱过程的持续性；张宝庆等[114] 基于可变下渗容量模型（variable infiltration capacity，VIC）对 PDSI 进行优化，建立了基于 VIC 模型和 PDSI 的区域气候干湿变化评价系统；Liu 等[115] 基于 VIC 模型和 sc-PDSI 构建了新的干旱指数 SCPV（a new modified PDSI variant）。朱悦璐等[34] 基于 VIC 模型构建了综合干旱指数，并在黄河流域进行了实例应用。李军等[116] 基于 Copula 函数，联合 VIC 模型及降水，构建一种能综合表征气象-水文-农业干旱特征的新型综合干旱指数 CSDI。综上所述，具有物理机制的水文模型能够考虑蒸发、截留、下渗、融雪等被传统干旱指数忽略的重要水文过程，使得干旱指数对旱情的监测评估更为客观准确。

1.2.3　干旱识别及时空演变特征研究进展

干旱时空演变特征及发展规律研究的前提条件是识别干旱事件并提取特征变量。目前，游程理论方法在干旱识别中应用较为广泛，该方法能够从干旱指数时间序列中识别出干旱历时、烈度、强度等基本特征，如 Ayantobo 等[117] 基于游程理论分析了中国大陆 1961—2013 年干旱特征的空间结构，结果显示干旱严重程度越高的地区干旱持续时间越长。陶然和张珂[118] 基于 PDSI 及游程理论方法分析了我国 1982—2015 年气象干旱特征及时空变化特征。周平等[119] 基于三阈值游程理论方法从干旱烈度和峰值强度方面识别合肥市干旱状况。李增[120] 基于游程理论从干旱频率、历时、强度和干旱事件类型等方面对 CZI、SPI、SPEI 和 RDI 四种干旱指数在我国东北地区的适应性进行评估。陈芳等[121] 基于相对水储量指数并运用游程理论方法识别干旱历时和干旱烈度，监测分析贵州干旱特征。田忆等[122] 基于 IWAP 并结合游程理论和极端强度-过程监测方法（EID）分析广西典型干湿演变尺度效应与过程识别。韩会明等[123] 利用 Copula 函数及游程理论方法从干旱历时和干旱烈度角度分析赣江流域气象干旱特征。冯瑞瑞等[124] 运用游程理论方法及 Copula 函数构建干旱特征变量间的多维联合概率分布对宜昌水文站的干旱特征进行分析。游程理论方法仅仅能够识别并提取干旱指标序列中的一维时间特征，忽略了干旱的二维空间性质。

鉴于此，一些研究从干旱发生强度、发生频率、持续时间、影响面积等多角度综合考虑干旱的时空特征，以便在时空尺度上更全面地理解干旱演变规律。李克让等[125] 基于前期缺水对后期影响的干旱指数，利用模糊聚类法分析 1951—1991 年全国农作物受旱的分布趋势。Andreadis 等[126] 通过对 20 世纪美国的水文和农业干旱基本特征进行研究，得到了强度-面积-持续时间（severity -area - duration，SAD）分布图，并结合聚类算法分析了美国大范围干旱事件在给定时间下的空间变化，之后 SAD 被广泛应用于我国气象干旱和农业干旱的评估中[127]。Shin 等[128] 基于贝叶斯干旱强度指数，利用神经网络法量化分析美国科罗拉多州南部气象干旱时空格局。Corzo 等[129] 基于两种（连续和非连续）干旱面积分析方法来识别大尺度干旱事件的时空特征，为空间尺度上的干旱分析提供了重要参考。Min 等[130] 基于 SPI 评价结果，利用小波分析法对韩国和东亚干旱发生时间和强度关系进行研究；Jonathan 等[131] 采用多指标评估法对欧洲 1950—2012 年间干旱发生的严重程度、发生频率和持续时间等进行综合分析评价，将受灾频繁的区域以地图的形式表现出来。上述研究多是将干旱事件从高维问题简化为低维问题，局限于分析某一特定时期的二维空间变化规律，忽略了干旱演变的时空连续性，无法在时空维度上真实地描述干旱结构[132]。

干旱演变实质上是一个时空连续的三维动态过程，具有多属性、多尺度特点[133]，在三维框架下定量分析干旱事件时空连续的动态演变过程对提高旱情监测系统的空间跟踪和预报能力至关重要。Hughes[134] 将聚类方法扩展到三维空间（经度、纬度、时间），实现了对每场干旱事件的完整时空表征，并在欧洲进行了测试。随后该方法在区域或全球尺度的干旱研究中得到广泛应用，如 Xu 等[135] 基于网格化干旱指标，利用三维聚类方法分析了我国 1961—2012 年干旱事件的时空演变特征；Zhu 等[136] 从三维视角分析了黄河流域气象和水文干旱的时空特征及其之间的联系；Chen 等[137] 基于三维识别方法对滦河流域 1961—2011 年最严重三场水文干旱事件的时空动态演变特征进行分析；冯凯等[132] 从三维视角分析了农业干旱对气象干旱的时空响应关系。另外，一些研究者通过三维方法识别干旱事件的中心位置，通过计算连续空间的时间位移来分析干旱事件在空间上的迁移规律[138]。上述研究方法和结论比较新颖，为探索干旱动态演变规律提供了新思路，但均是以历史时期为研究对象，且传统的三维识别方法无法提取更多能够反映整场干旱事件空间动态过程的特征变量，准确追踪未来干旱事件三维演化过程的能力有限，对实际抗旱减灾管理决策难以提供可视化指导。

1.2.4 干旱预测研究进展

干旱灾害的动态监测及准确预测是国内外学者一直关注的焦点问题，干旱预测按时间跨度可分为短期预测和长期预测。短期预测一般是基于历史观测资料采用统计学方法进行干旱预报，主要包括灰色系统理论、回归分析、神经网络、时间序列分析、概率模型等方法[139]。灰色系统理论是指缺少信息的系统，由我国研究员邓聚龙最初提出[140]，并得到了广泛应用。Jiang 等[141] 利用扩展灰色关联分析法对我国 31 个省（自治区、直辖市）的农业干旱脆弱性进行了评估；Liu 等[142] 利用 BP 神经网络对灰色模型的残差进行了修正，然后对降水量进行预测。北极涛动（Arctic Oscillation，AO）、厄尔尼诺与南方涛动（ENSO）等气候因子对干旱的发生具有重要影响，能够为干旱预测提供可靠信息及物理依据，Mortensen 等[143] 将主成分回归模型应用于 11 个大尺度气候因子，对秘鲁南部的季节干旱进行预测。由于干旱的诱发因素极其复杂，神经网络、支持向量机等机器学习方法日渐成熟，用于模拟干旱发生及发展间关联因素的复杂相互作用，从而达到干旱预测的目的。如 Mishra 等[144] 利用 SPI 对比分析了线性随机模型、直观多步骤神经网络和递归式神经网络三种方法对印度 Kansabati 河干旱预测性能的差异性；Tian 等[145] 耦合支持向量机回归模型与气候变量对中国湘江流域的农业干旱进行预测。基于干旱指数的连续性特征，时间序列模型结合常用干旱指数可以进行干旱预测，如 Han 等[146] 利用模型对中国关中平原地区的干旱进行预测；Mossad 等[147]（autoregressive integrated moving average，ARIMA）利用 ARIMA 模型预测超干旱气候条件下的 SPEI，结果表明研究区有发生严重干旱的趋势。除了基于干旱指数序列，一些研究者也尝试利用转移概率计算方法的概率模型进行干旱预测，如杨洁等[148] 基于 PDSI 对干旱特征进行分析，根据逐月的干旱特征采用马尔科夫链模型对干旱进行转移概率预测；Cancelliere 等[149] 借助降水数据和 SPI 指数，利用转移概率计算方法，计算从当前的干旱状态转化为未来干旱状况的概率。

长期的干旱预测需要借助气候预测模型，全球气候模式（GCM）是模拟、评价和预估未来气候变化的有效工具。已有不少学者基于国际耦合模式比较计划（CMIP）的模式数据进行未来气候变化的情景预估及干旱预测研究，如杨肖丽等[150] 对 CMIP5 中 3 种排放情景下 1961—2099 年的降水和气温数据进行统计降尺度，并基于 1961—2005 年的实测站点数据进行精度评估，利用 SPI 对黄河流域的气象干旱进行预估；莫兴国等[151] 基于 CMIP5 中 6 个 GCM 模式的情景数据，采用 PDSI 评估了 21 世纪我国干旱事件发生的时空变化特征。此外，耦合气候模式和水文模型对水文变量进行气候态或极端气候事件分析，以评估气候变化背景下的水文过程响应特征。黄国如等[152] 耦合 CMIP5 多模式降尺度数据和 VIC 模型，预估了 2020—2050 年不同气候情景下飞来峡水库的入库洪水；Leng 等[9] 结合 VIC 模型和 5 个 CMIP5 气候模式的 RCP8.5 情景数据，模拟了 1971—2099 年的气象、水文和农业干旱状况，重点对比了历史与未来时期的干旱变化。

自 2015 年第六次国际耦合模式比较计划（CMIP6）开展以来，至今已经发布 90 余个模式结果。CMIP6 中的情景模式比较计划组合了不同共享社会经济路径（shared socioeconomic pathways，SSPs）和典型浓度路径（representative concentration pathways，RCPs），包含了未来社会经济发展的含义，具有气候敏感性高、时空分辨率高、模拟结果可靠等优点，在水文气象预测中应用前景广阔[153]。目前，耦合 CMIP6 和水文模型在干旱预测中的应用研究较少，基于耦合结果预测未来某一时段哪些区域会发生干旱，干旱的严重程度以及动态演变规律如何，是人们更加关心的问题。

1.3　存在的主要问题

准确评估干旱严重程度，掌握干旱时空演变过程及发展规律，对建立可靠的防旱抗旱及旱灾风险预警机制，由被动抗旱转变为主动抗旱、科学抗旱具有重要作用。由于干旱诱发因素的多样性及发展过程的复杂性，当前国内外多方位考虑干旱诱因，综合评估干旱情势研究有待进一步加强，从时空尺度对干旱动态演变过程及发展规律的预测研究还缺乏系统性。主要存在以下问题：

（1）气候变化背景下，CO_2 浓度增加会影响作物生理过程，导致部分气孔关闭，造成 P-M 公式中地表阻力 r_s 发生变化，进而影响依据 P-M 公式计算的 PET 结果。目前，有研究者评估了 CO_2 浓度增加影响的标准化降水蒸散指数 SPEI 在中国地区的合理性。但将降水、考虑 CO_2 浓度的蒸散发、土壤水、径流等变量联合建立多元综合干旱指数并评估其适用性的研究尚未见报道，如何构建综合干旱指数以准确监测干旱事件，是亟待解决的第一个关键问题。

（2）干旱演变具有多重属性，在时空尺度上表现出连续的动态过程，当前的干旱预测研究多是将干旱事件由高维概化为低维问题，从一维（时间）或二维（空间）尺度上独立开展，如预测特定区域的干旱随时间的变化趋势，或特定时段内干旱在空间上的变化特征，忽略了干旱演变的时空三维立体特征，达不到干旱动态预测的目的。因此，从三维立体视角精准追踪干旱事件逐月迁移轨迹，预测未来干旱时空连续演变过程及发展规律，以期提高干旱预测的动态空间跟踪能力，是亟待解决的第二个关键问题。

1.4　本书研究内容及技术路线

1.4.1　研究内容

本书以黄河流域为研究区，首先对未来不同气候模式下气象水文要素进行评估并降尺度处理，继而耦合水文模型模拟干旱评估需要的水循环要素，构建考虑降水、潜在蒸散发、径流以及土壤水的多变量综合干旱指数，最后基于干旱事件三维识别技术，追踪未来干旱时空连续演变过程，揭示未来干旱发展趋势。具体研究内容如下：

（1）基于 CMIP6 和 VIC 水文模型的黄河流域气象水文要素预测。收集 CMIP6 计划中的不同气候模式，提取黄河流域的日降水量、日最高气温以及日最低气温的预测数据，利用 BCSD 时空降尺度算法修正模拟偏差提高其预测性能。基于降尺度后的 CMIP6 数据评估其对黄河流域历史气象条件的模拟性能并预测不同 SSP 排放情景下黄河流域未来气候变化特征，为干旱指数的计算及预测提供基础数据。

（2）基于综合干旱指数的黄河流域干旱时空演变特征。构建黄河流域 VIC 水文模型，基于降水、考虑 CO_2 的蒸散发、VIC 模型模拟的径流和土壤水等多个气象水文要素，采用 Copula 函数方法，建立综合干旱指数 MSDI_CO_2，验证其在黄河流域的适用性。基于 MSDI_CO_2 指数，采用 ESMD、MMK 等方法分析黄河流域历史干旱时空演变特征。最后，基于归一化植被指数（NDVI）探讨黄河流域综合干旱对植被的影响效应。

（3）基于三维视角的黄河流域综合干旱动态演变及发展规律预测。以 CMIP6 气候模式数据驱动 VIC 水文模型，模拟未来气候条件下黄河流域的水循环要素（R、SM），计算未来情景下的 MSDI_CO_2，预测黄河流域不同尺度干旱的时空变化趋势和周期特征。采用干旱事件三维识别方法，提取干旱历时、烈度、面积、中心、迁移距离、迁移方向等多个时空特征变量，追踪未来干旱时空连续演变过程，对黄河流域未来干旱进行动态可视化模拟及预测，揭示未来干旱发展规律。基于最优 Copula 函数建立多变量联合分布并预测典型干旱事件的重现期。

1.4.2　技术路线

本书以黄河流域为研究区，依据气象观测资料对 CMIP6 不同情景模式数据进行偏差修正及时空降尺度，基于水循环演变机理耦合 VIC 水文模型模拟水循环要素，利用 Copula 函数构建考虑降水、潜在蒸散发、径流以及土壤水的多变量综合干旱指数（$MSDI\_CO_2$）。采用改进的 Mann-Kendall 检验（MMK）、极点对称模态分解（ESMD）等方法分析黄河流域综合干旱时空演变特征。采用干旱事件三维识别方法提取多个干旱时空特征变量，从三维视角模拟并预测黄河流域综合干旱的时空动态演变特征及发展规律，采用 Copula 函数对综合干旱风险进行评估和预测。围绕水文模型和 CMIP6 耦合、综合干旱指数构建及综合干旱动态演变预测开展研究。研究技术路线如图 1.1 所示。

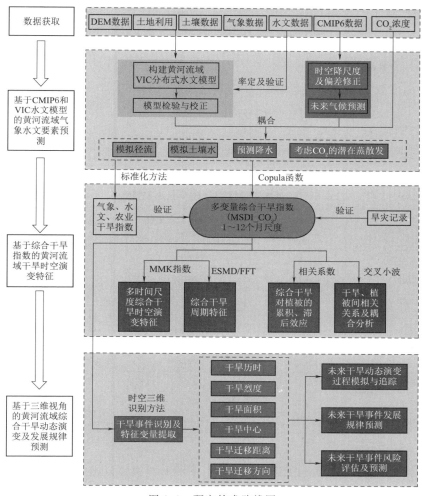

图 1.1　研究技术路线图

第 2 章

研究区概况及数据来源

2.1 研究区自然环境概况

2.1.1 地理位置

黄河发源于青藏高原巴颜喀拉山北麓的约古宗列盆地，流经青海、四川、甘肃、宁夏、内蒙古、陕西、山西、河南、山东九个省（自治区），于山东境内东营市垦利区注入渤海，不同省级行政单元面积比重见表 2.1。黄河流域干流全长 5464km，全程落差 4480m，流域面积约为 79.5 万 km^2（其中包含内流区约 4.2 万 km^2），占全国国土总面积的 8%，流域概况如图 2.1 所示。

表 2.1　　　　　　　黄河流域不同省级行政单元面积统计

省级行政单元	行政单元总面积 /km^2	行政单元在黄河流域内面积/km^2	占省份面积比 /%	占流域面积比 /%
青海省	697174.0	150991.0	21.7	19.0
四川省	486184.0	18976.6	3.9	2.4
甘肃省	424693.0	142469.0	33.6	17.9
宁夏回族自治区	52286.8	51628.2	98.7	6.5
内蒙古自治区	1144940.0	150775.0	13.2	19.0
山西省	156546.0	96680.7	61.8	12.2
陕西省	205484.0	132858.0	64.7	16.7
河南省	166262.0	36805.6	22.1	4.6
山东省	153912.0	13667.1	8.9	1.7

2.1.2 地形地貌

黄河流域幅员辽阔，山脉众多，上中下游海拔高差明显，使得流域地形地貌差异显著。从上游到下游依次跨越青藏高原、内蒙古高原、黄土高原和华北

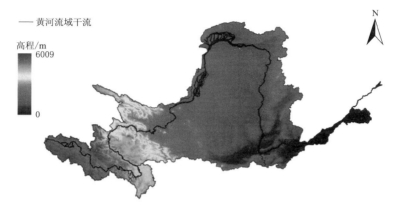

　黄河流域干流

高程/m
6009

0

N

图 2.1　黄河流域概况图

平原 4 个地貌单元[17]，黄河中上游地区以山地居多，中下游地区以平原、丘陵为主。黄河中段流经世界上黄土覆盖面积最大的黄土高原，径流会挟带大量泥沙，黄河下游流经华北平原，汇入支流较少，河道内流速缓慢，水沙关系不协调导致大量泥沙堆积，以"地上悬河"著称。

黄河流域跨越三大地理阶梯，上游地处地理第一阶梯和第二阶梯，平均海拔较高，纬度地带性和垂直地带性共同造就了黄河上游水分带和温度带的空间分异；黄河中游处于地理第二阶梯和第三阶梯过渡带，纬度是影响气温变化的主要因素；黄河下游地处地理第三阶梯，流域面积比较小。

2.1.3　气候特征

黄河流域处于中纬度地带，从降水量层面划分，黄河流域气候特征分为干旱、半干旱和半湿润三个气候区，东南季风影响着水分的空间分布。从温度层面划分，黄河流域包含亚寒带、中温带、暖温带三种温度带，纬度和海拔因素一起影响着温度带的空间分布。兰州以上区域位于青藏高原，由于其平均海拔高于其他地区而受亚寒带控制，年均气温较低，地形季风因子影响下的区域处于半干旱半湿润带。兰州至河口镇属于中温带和暖温带范围，气温相对升高，由于又受季风影响，该地区处于半干旱和半湿润带。黄河下游的气候特征主要为暖温带半湿润气候。

黄河流域多年平均年降水量在 123～1021mm 间，流域内大部分地区的平均年降水量集中在 200～650mm，流域内降水空间分布差异明显，大致呈自东南向西北逐渐递减。全流域降水量较丰沛的地区主要集中在中上游南部和下游地区，一般多于 600mm，而宁蒙河套地区年降水量最少，只有 200～300mm。黄河流域多年平均气温变化范围为 −4～14℃，总体趋势表现为南部气温高于北部，东部气温高于西部。

2.1.4　水文特性

黄河是中国的第二长河，也是世界上含泥沙量最多的河流，水沙不协调使得承担输沙任务的黄河流域可利用水资源量愈加稀缺。黄河干流多弯曲，支流众多，大气降水是流域径流的主要补给，近些年来多年平均天然年径流量 535 亿 m^3，仅为全国河川径流量的 2%。黄河流域不仅担任着全国 12% 人口的供水任务和全国 15% 耕地的灌溉任务，而且还承担着向流域外部分缺水地区的输水任务。流域内径流时空分布不均，季节性变化较大，水资源供需日趋紧张，为了满足生产生活用水需求，不断大尺度地开发利用水资源进一步加剧了径流量的减少。总体上，黄河流域水资源不足，年内年际分布不均的特点在一定程度上制约着社会经济的可持续发展。

2.1.5　流域分区

黄河流域总面积达 79.5 万 km^2，流域西部和北部地区的气候特征呈现干旱状态，东部及南部地区的气候相对湿润。根据黄河地理环境和气候条件的差异，黄河流域分为上、中、下游三段，将托克托县河口镇和桃花峪分别作为上、中、下游的分界点，河源至托克托县河口镇为上游，河道长 3472km，流域面积为 42.8 万 km^2；河口镇至桃花峪为中游，河道长 1206km，流域面积为 34.4 万 km^2；桃花峪以下至入海口为下游，河道长 786km，流域面积较小，仅有 2.3 万 km^2。黄河流域花园口水文站天然径流量占全河径流量的 95% 以上，且其以下河道由于泥沙淤积，河道抬升，称为"地上悬河"，产流汇流面积很小。因此，花园口站天然径流量变化趋势基本可代表整个黄河流域。由于花园口以下区域无法通过实测流量过程线进行参数率定，本书的研究区域为花园口以上部分，后续研究均在此范围内。

2.1.6　历史旱情

黄河流域作为历史上旱灾较为严重的地区之一，素有"十年九旱"之说。据历史文献资料统计，12 世纪以前，河南、山西等地平均每世纪发生 3.2 次和 6.2 次严重干旱，17 世纪，河南和山西地区发生严重干旱的次数分别高达 17 次和 49 次，19 世纪严重干旱次数有所减少，随后大旱的次数又迅速增加[154]。民国年间，黄河流域遭受 6 次大旱灾事件，其中 1922—1932 年甘肃、宁夏、内蒙古、陕西、河南等地区遭遇连续 11 年枯水期，因持续时间久、影响范围广、危害严重大，被称为民国时期的特大极端干旱事件。近 60 年来，气候暖干化和人类活动的影响，使得黄河流域气温明显升高，干旱形势日趋严峻。1961—2014 年间共发生 16 起干旱事件，其中发生特大干旱 6 次，包括 1965 年、1972 年、1980 年、1995 年、1997 年和 2000 年，干旱事件具体受灾情况见表 2.2。

表 2.2　　　　　　　　　　　　　1961—2014 年黄河流域干旱事件

文献记载年份	干 旱 事 实 描 述
1962	甘肃、内蒙古中部、陕西和山西等地区旱情较为严重。甘肃受旱面积 223.6 万 hm², 内蒙古农牧区秋季打草量显著减少，山西 6 月中旬受旱面积约为 143.3 万 hm²
1965*	干旱较为严重，宁夏、内蒙古中西部、陕西北部、山西、山东西北部和河南北部等地区发生春夏秋冬连旱，夏季干旱严重程度较高。1965 年全流域受旱面积为 298.3 万 hm²，绝收面积 18.2 万 hm²，减产面积 98.2 万 hm²，尤其陕西榆林一带夏秋作物绝收，受灾人口 916.1 万人
1971	青海地区发生严重春旱，宁夏、陕西、甘肃东部和南部发生春夏连旱，陕西北部冬春连旱长达 200 多天。全流域受旱面积 313.4 万 hm²，绝收面积 21.1 万 hm²，减产面积 144.6 万 hm²，受灾人口 916.1 万
1972*	青海中部、甘肃中东部、宁夏、山西、河南和内蒙古、陕西、山东大部分地区发生春夏连旱，黄河在济南以下地区断流 20 天，汾河断流长达 2 个月。全流域受旱面积 437.0 万 hm²，绝收面积 29.3 万 hm²，减产面积 229.3 万 hm²，受灾人口 1749.9 万
1977	西北大部、河南北部、山东南部冬春连旱，全流域受旱面积 194.3 万 hm²，绝收面积 11.8 万 hm²，粮食减产 129.7 万 hm²，受灾人口 1071.0 万
1978	陕西、山西和河南等省为 50~70 年未有的大旱。甘肃、宁夏、内蒙古、陕西、山西、山东和河南部分地区发生较严重的春旱，河西走廊地区发生夏旱，山西、河南、山东和陕西大部地区出现秋旱。全流域受旱面积 272.0 万 hm²，绝收面积 12.1 万 hm²，减产面积 161.9 万 hm²，受灾人口 1353.2 万
1980*	内蒙古、宁夏、陕西中部、河南北部和山东地区出现较为严重的春夏连旱事件，关中、渭北地区连旱分别长达 200d、240d，内蒙古农牧区地下水位普遍下降 1m 多。全流域受旱面积 395.2 万 hm²，绝收面积 63.4 万 hm²，减产面积 333.68 万 hm²，是 1949—1990 年粮食减产最多的一年，受灾人口 1353.2 万
1985	黄河中部和山西地区发生春夏连旱事件，陕西和河南地区旱情尤为严重。全流域受旱面积 207.8 万 hm²，绝收面积 21.8 万 hm²，减产面积 158.6 万 hm²，受灾人口 978.5 万
1986	干旱范围为 10 年来最大，整个黄河流域发生夏旱，内蒙古中西部和黄河中下游地区较为严重。甘肃、陕西北部、陕西中部、山西和山东地区发生了严重的秋旱。全流域受旱面积 362 万 hm²，绝收面积 36.5 万 hm²，减产面积 288.3 万 hm²，受灾人口 2044.5 万
1987	干旱范围较大，西北和内蒙古地区属重旱，内蒙古发生春夏连旱，伏旱尤为严重，甘肃、宁夏、陕西、山西和河南发生较为严重的夏旱。全流域受旱面积 439.6 万 hm²，绝收面积 60.6 万 hm²
1988	内蒙古中部、陕北和山东地区降水量比常年同期偏少五到九成，秋旱严重。全流域受旱面积 197.2 万 hm²，绝收面积 17.3 万 hm²，减产面积 186.3 万 hm²，受灾人口 1182.6 万
1989	山东省发生了自新中国成立以来最严重的干旱事件。全流域受旱面积 278.5 万 hm²，绝收面积 22.5 万 hm²，减产面积 257.7 万 hm²，受灾人口 1564.3 万
1990	青海、甘肃、宁夏和陕西地区水分收支严重失衡，旱情严重程度较高。全流域受旱面积 144.7 万 hm²，绝收面积 16.4 万 hm²，减产面积 133.4 万 hm²，受灾人口 861.6 万

续表

文献记载年份	干 旱 事 实 描 述
1991	青海、甘肃、宁夏和河南等地区遭遇严重干旱。青海农作物受旱面积 11.9 万 hm²，草场受旱面积 342.46 万 hm²，甘肃农田受旱面积 146.3 万 hm²，宁夏秋季作物绝产面积达 70%，河南地区遭遇了新中国成立以来范围广、持续时间长、严重程度大的干旱。其中，河南西部大部分饮水工程没有蓄水，洛阳、三门峡、焦作、郑州等地出现饮水困难
1995*	自 3 月开始，黄河流域北部区域降水量较多年平均值严重偏低，旱情发展迅速，加之温度持续升高，土壤墒情差，内蒙古中西部、山西、河南西部等地区发生春旱，甘肃和陕西旱情尤为严重。西北东部、华北西部降水量比常年偏少五到七成，发生春夏连旱
1997*	黄河流域春季降水量偏少，入夏后 80% 以上区域仍持续高温少雨，发生大面积的严重夏季干旱事件。此次旱情导致黄河 2—11 月间出现多次断流，累计断流长达 222 天，是 1949 年以来少有的旱灾
1999	由于降水偏少，气温偏高，黄河流域大部分地区遭遇干旱。其中，青海、甘肃和宁夏地区降水大幅度减少，发生秋、冬、春三季连旱，长达 220 天的干旱使得多条河流断流。山西遭遇了新中国成立以来粮食减幅最为严重的一年，河南地区遭遇罕见的伏旱，山东更是遭遇了四季连旱的严重局面
2000*	黄河流域 85% 以上区域发生了 1949 年以来旱情最为严峻的春夏连旱事件。青海遭遇了从 1999 年秋天到 2000 年夏季的跨年旱灾，7 月出现了连续 14 天超历史的高温天气。并且北方受旱范围、持续时间和旱情严重程度普遍高于南方
2002	甘肃、陕西和河南等地区降水普遍偏少，且冬春季节气温高于常年同期 2~5℃，为河南地区记录的最高值。甘肃发生了严重的伏秋连旱，受旱面积 86.67 万 hm²。陕西 80% 以上区域无有效降水，加之 50 年一遇的异常暖冬，导致气温较常年同期高 2~7℃，受旱面积 125.9 万 hm²。8 月，洛阳、三门峡和濮阳三地的降水量创历史最低值，是河南省遭遇的一次局部严重旱灾
2007	黄河流域出现大范围春旱，其中宁夏、内蒙古、陕西和河南地区旱情较重
2009	黄河上游地区发生中旱，中下游地区发生重旱，大部分地区连续 60 天无降雨，局部地区长达 100 天之久。其中，甘肃、陕西、山西、河南和山东地区旱情尤为严重

注 * 年份为发生特大干旱事件的年份

2.2 资 料 收 集

2.2.1 数据来源

VIC 模型需要输入的数据主要包括气象资料、数字高程模型数据（DEM）、土壤数据资料以及植被覆盖资料。

地面气象实测资料采用国家气候信息中心提供的基于中国地面气象台站的格点化日观测数据集 CN05.1，气象参数包括日最高气温、日最低气温、日降水量和日平均风速，时间序列为1961—2014年，空间分辨率为 $0.25° × 0.25°$。

水文站点径流资料是大尺度水文模拟的关键因素，而黄河流域水文气象站点较少，尤其是上游源头地区大尺度资料非常稀缺[155]。鉴于黄河流域各分区水资源开发利用程度较高，各控制水文站的实测径流数据无法真实反映黄河流域径流产汇情况，黄河水利委员会采用统一的还原水量计算方法来解决这一问题[156]。本书水文模型率定和验证所使用的水文站点径流资料就是经过黄河水利委员会还原水量计算后的天然径流量，时间序列为1961—2010年。

数字高程模型数据是在一定的空间范围内通过规则化的格网点描述地面高程信息的数据集，来反映区域地形地貌的空间分布状况。本书所使用的空间数字高程模型数据库（DEM）来源于地理空间数据云，从1∶25万比例尺的图幅中将黄河流域的DEM裁剪出来。

土壤数据来源于寒区旱区科学数据中心；植被数据来源于美国马里兰大学的全球土地覆被数据库。

2.2.2　全球气候模式

全球气候模式（general circulation models，GCMs）是国际上模拟和预估气候变化状况的重要手段和工具，也是迄今为止构建气候模式资料库最广泛最全面的，为气候变化预测研究提供了极其重要的科学数据支撑。近年来，国内外研究者基于GCMs对历史和未来干旱问题的研究取得了一定的成果。如丁相毅等[157]基于GCMs和分布式水文模型WEP-L分析了海河流域未来30年降水、气温以及径流的变化趋势，并分析了未来干旱化的程度。Swain等[158]基于CMIP5的21个多模式集合预估不同排放情景下北美未来时期春季和夏季的干湿条件。尹晓东等[159]运用26个CMIP5气候模式定量预估长江三角洲地区不同排放情景下未来50年干旱和洪涝灾害风险。卢晓昱等[160]利用CMIP5的27个模式评估了辽宁省气象要素的模拟性能，确定了该区域降水模拟效果较好的4个模式，继而分析了不同RCPs下未来气象干旱风险。

为了更好地衡量不同社会经济发展模式和气候变化风险的关系，世界气候研究计划（WCRP）已经成功组织了六次国际耦合模式比较计划（CMIP）：1990年第一次评估报告发展的Scenario A情景（SA90）[161]；1992年第三次评估报告发展的IS92情景[162]；2007年第四次评估报告发展的SRES情景[163]；2014年第五次评估报告发展的典型浓度路径（RCPs）情景[1]；目前组合典型浓度路径和不同社会经济共享路径的（Scenario MIPs）气候预估情景模拟结果在网上陆续公开[164]。参加CMIP的模式数目由10个（CMIP1）增加到90多个（CMIP6）。CMIP6是最新公布的全球气候模式（GCM），其再现历史及预测未来气候变化的能力较CMIP5显著提高。如夏松等[165]利用CMIP5和CMIP6模式分析和评估了北大西洋年代际振荡在北大西洋的信号，结果显示CMIP6模拟结果更好。Luo 等[166] 基于 CMIP5 和 CMIP6 模式对中国 1979—2005 年的极端温度的模拟性能进行评估，结果表明 CMIP6 模式可以很好地再现年最小日最低气温、最大日最高气温以及霜冻日数的空间分布特征。陈活泼等[167] 通过 CMIP6 和 CMIP5 模式对极端气候的模拟进行比较，得出 CMIP6 模式在极端气候及其趋势模拟方面优于 CMIP5 模式。

CMIP6 中的 SSP 表示不考虑气候政策或气候变化的影响，未来社会可能的发展，每一个具体 SSP 象征着一种新的发展模式，SSP1 表示可持续发展路径，SSP2 表示中度发展路径，SSP3 表示局部发展路径，SSP4 表示不均衡发展路径，SSP5 表示常规发展路径。SSP1 倾向于可持续发展，相对乐观的人类发展趋势；SSP2 是世界遵循近几十年的典型趋势持续发展下去，逐步减少对化石燃料依附的一个中间路径；SSP3 和 SSP4 两种情景是社会发展极易受到气候变化的影响，属于不均衡路径；SSP5 是以传统的化石燃料为主的发展路径，设想了相对乐观的人类发展趋势，有大量教育卫生的投入和经济的快速发展。CMIP6 在保留 CMIP5 在典型排放路径的基础上又增加了新的排放路径，强调未来 SSP 情景和 RCP 情景的一致性，不同 SSP 和 RCP 的矩形组合构成了 CMIP6 的气候预估情景 Scenario MIPs[168-169]，即 SSP1 - 1.9、SSP1 - 2.6，SSP2 - 4.5，SSP3 - 7.0、SSP4 - 3.4、SSP4 - 6.0 及 SSP5 - 8.5，见表 2.3。

表 2.3　　　　　　　　　　　　SSP - RCP 情景介绍

情景名称	强迫类别	SSP（社会经济情景）	2100 年人为辐射强度（气候情景）/(W/m²)
SSP1 - 1.9	非常低强迫情景	SSP1（可持续发展路径）	1.9
SSP1 - 2.6	低强迫情景	SSP1（可持续发展路径）	2.6
SSP2 - 4.5	中等强迫情景	SSP2（中间路径）	4.5
SSP3 - 7.0	中等至高强迫情景	SSP3（区域竞争路径）	7.0
SSP4 - 3.4	低强迫情景	SSP4（不均衡路径）	3.4
SSP4 - 6.0	中等强迫情景	SSP4（不均衡路径）	6.0
SSP5 - 8.5	高强迫情景	SSP5（传统化石燃料为主的路径）	8.5

考虑到数据的可用性及其在黄河流域的适用性，本书选取了最新公布的六种 CMIP6 气候模式的降水、气温和风速数据，包括历史试验数据和两类未来气候情景（SSP245 和 SSP585）试验数据。综合观测气象要素的时段范围，同时为了便于比较，历史试验分析时段选为 1961—2014 年，未来气候情景试验分析时段选为 2015—2070 年。六种 CMIP6 气候模式基本信息见表 2.4。

表 2.4   **6 种 CMIP6 气候模式的基本信息**

模式名称	所属国家、研究中心	原始分辨率/[(°)×(°)]
MRI_ESM2_0	德国普朗克气象研究所	~1.125×1.125
MPI_ESMI_2LR	德国普朗克气象研究所	1.92×0.96
MIROC6	日本海洋地球科学与技术局、大气海洋研究所和国家环境变化研究所	1.4063×1.4
Can ESM5	加拿大气候模拟与分析中心	~2.8×2.8
BCC_CSM2_MR	中国气象局国家气候中心	3.2×1.6
ACCESS_ESM1_5	澳大利亚	1.92×1.45

2.3　本　章　小　结

　　本章从流域地形、地貌概况、气候特征、水文特性等方面系统地介绍了黄河流域的整体状况。同时，整理总结了黄河流域 1961—2014 年的历史旱情记录，用来验证第 5 章综合干旱指数在黄河流域的适用性。从气象资料、数字高程模型数据（DEM）、土壤数据资料以及植被覆盖资料四个方面介绍了数据来源，文中所有资料均经过"三性"审查，保证原始资料的准确无误。从不同社会经济发展模式和气候变化风险的关系介绍了研究选取的全球气候模式。

第 3 章

基于 CMIP6 的黄河流域气象要素预测

气候模式是模拟和预测气候变化状况的重要手段和工具，能够为区域和全球的气候变化研究提供有力的数据支撑，被广泛应用于未来气候变化、影响以及风险研究[170]。不同 GCMs 数据在不同区域的模拟效果存在差异，黄河流域东西横跨中国大陆，地理环境空间差异较大，为更好地评估 CMIP6 数据对黄河流域降水和气温的模拟能力，根据 SSP 情景下公布的模式，本章选用六种较完整的气候模式数据 （MRI_ESM2_0、MPI_ESMI_2LR、MIROC6、CanESM5、BCC_CSM2_MR、ACCESS_ESM1_5） 进行预测研究。本章首先基于历史观测数据对各气候模式数据进行偏差修正，优选出模拟效果较好的气候模式，然后预测不同排放情景下黄河流域的气候变化特征。

3.1 研 究 方 法

3.1.1 BCSD 降尺度法

大尺度的 GCMs 数据分辨率精度不高，无法直接用于气候变化研究，也无法满足驱动水文模型的研究需求。因此，采用适合的降尺度方法，将大尺度的 GCMs 输出结果进行空间降尺度处理，转化为高分辨率的信息尤为重要。本书选取计算简便、应用广泛的偏差校正空间降尺度方法 （bias correction and spatial disaggregation，BCSD）。BCSD 最早是 Wood 等[171] 提出的一种基于统计关系的降尺度方法，可有效识别并校正 GCM 预测数据与实际气候观测数据之间的偏差，通过空间降尺度生成高分辨率的气象网格数据，满足局部气候变化特征研究需求，其主要计算步骤如下：①利用面积加权平均的方法将高分辨率的原始实测序列升尺度到与 GCM 序列对应的分辨率上；②每个网格点上，绘制实测序列和 GCM 序列的频率曲线，利用累积概率分布校正未来情景下的 GCM 数据，得到降水和气温的修正因子；③将修正因子通过 SYMAP 插值法插值到高分辨率的原始观测序列网格上；④将插值后的修正因子乘以 （或加上） 高分辨率的观测资料气候值,即得到 GCM 序列的降尺度结果。

本书以 1961—2014 年为历史基准期,对 GCMs 历史试验数据进行降尺度处理,并通过建立 GCMs 模拟结果与实测气象数据之间的评估指标,来判定 BCSD 方法的偏差修正效果以及不同 GCMs 模式对历史时期气候特征模拟效果。降尺度用到的数据分为两部分:①CMIP6 数据,时间序列为 1961—2014 年,输出结果中包含了降水、最高气温、最低气温及风速的月时间序列;②实测气象数据,时间序列为 1961—2014 年,数据来源于国家气候信息中心提供的基于中国地面气象台站的格点化日观测数据集 CN05.1,空间分辨率为 $0.25° \times 0.25°$。

3.1.2　泰勒图

泰勒图是 Taylor[172] 于 2001 年提出的用于评价模型精度的一种方法。A、B 不同气候模式的模拟值与实测值的泰勒图如图 3.1 所示。图中纵轴和横轴为归一化标准差(normalized standardized deviation),代表的是模式模拟值序列波动大小和振幅长度;图中原点与模式点的延长线所对应的圆弧代表的是模拟值与实测值之间的相关系数(correlation coefficient),反映的是模拟值与观测值之间的吻合程度;模式 A、B 到观测点 OBS 之间的距离代表的是模拟值相对于实际结果的均方根误差(root mean square error),反映的是模拟值与观测值之间的偏离程度。

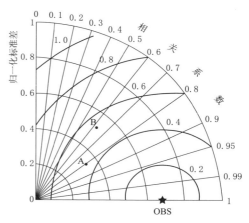

图 3.1　泰勒图

泰勒图可以在一张极坐标图中同时显示模拟与观测场的标准差、相关系数以及均方根误差,可以更直观全面地评估多个模式的模拟能力。归一化标准差和相关系数共同决定着泰勒图中各气候模式点所在的位置,当模式点与观测点之间的距离越近时,表示模拟值与观测值的均方根误差越小,意味着模式模拟值与观测值之间越稳定。根据以上描述,当模拟值越靠近观测点时,说明模拟值与观测值的标准差之比、相关系数越接近于 1,均方根误差越接近于 0,模式的模拟精度越高。

3.1.3　贝叶斯模型平均

贝叶斯模型平均是将多个模型的概率密度函数(probability density function,PDF)加权平均组合成新的集合 PDF 的一种概率后处理方法,用来确定多模式集合中各模型中的相对权重和方差,权重为模型的后验概率,代表模型

在训练期对预报值的相对贡献[173]。贝叶斯模型平均的概率预报为[112]

$$p(y \mid f_1, \cdots, f_m) = \sum_{m=1}^{M} \omega_m h_m(y \mid f_m) \tag{3.1}$$

式中：f_m 为每个集合的原始预报值；y 为预测变量；$h_m(y \mid f_m)$ 为 f_m 的预测概率密度函数；m 为集合预报数量；ω_m 为后验概率，和为 1。

假设预报变量近似服从正态分布，f_m 期望为 $a_m + b_m f_m$，标准偏差为 σ_m，a_m、b_m 可由观测资料和模式结果 f_m 利用线性回归求得，则贝叶斯模型平均预报值为

$$y \mid f_m \sim N(a_m + b_m f_m, \sigma_m^2) \tag{3.2}$$

$$E[p(y \mid f_1, \cdots, f_m)] = \sum_{m-1}^{M} \omega_m E[g_m(y \mid f_m)] = \sum_{m=1}^{M} \omega_m (a_m + b_m f_m) \tag{3.3}$$

采用极大似然法对训练期各模型权重和方差进行估算。假设预报误差在时空上相互独立，则（ω_m，σ_m）的对数似然函数为

$$l = \sum_{n}^{N} \ln \left[\sum_{m=1}^{M} \omega_m g_m(y \mid f_m) \right] \tag{3.4}$$

式中：N 为训练数据的总数，利用期望最大化（expectation maximization，EM）进行迭代计算。

在 EM 计算中需要引入非观测变量 $z_{m,n}$，如果 n 为最佳预报数，则 $z_{m,n} = 1$；反之，$E_{m,n} = 0$。通常情况下，$z_{m,n}$ 介于 0～1 之间[112]。EM 计算步骤如下：

当 $j=0$ 时，得到

$$\omega_m^j = 1/M, \sigma_m^{2j} = \frac{1}{N} \sum_{n=1}^{N} (f_{m,n} - y_n^T)^2 \tag{3.5}$$

则初始对数似然函数为

$$l[\omega_1^0, \cdots, \omega_M^0, \sigma^{2(0)}] = N \ln \left\{ \sum_{m=1}^{M} \omega_m^0 h_m^0 [a_m + b_m f_{m,n}, \sigma^{2(0)}] \right\} \tag{3.6}$$

当 $j=j+1$ 时，得到

$$z_{m,n}^j = \frac{\omega_m h_m [a_m + b_m f_{m,n}, \sigma^{2(j-1)}]}{\sum_{l-a}^{M} \omega_l h_l [a_l + b_l f_{l,n}, \sigma^{2(j-1)}]} \tag{3.7}$$

更新权重和方差，得到

$$\omega_m^j = \frac{1}{N} \sum_{n=1}^{N} z_{m,n}^j \tag{3.8}$$

$$\sigma_m^{2j} = \frac{\sum_{n=1}^{N} z_{m,n}^j (f_{m,n} - y_n^T)^2}{\sum_{n=1}^{N} z_{m,n}^j} \tag{3.9}$$

当 $l\left[\omega_1^j,\cdots,\omega_M^j,\sigma^{2(j)}\right]-l\left[\omega_1^{j-1},\cdots,\omega_M^{j-1},\sigma^{2(j-1)}\right]<\varepsilon$ 时，计算结束，否则返回式（3.6），继续迭代直至收敛，获得参数 ω_m 和 σ。

3.2　BCSD 降尺度方法效果评估

本书选取的六种气候模式的输出数据分辨率各有差异，为了方便观测值对比分析，采用 BCSD 统计降尺度方法对 GCMs 模拟数据进行偏差修正和时空降尺度处理，将数据空间分辨率统一为 $0.25°×0.25°$。为了了解 CMIP6 对黄河流域历史气候的模拟能力，本书利用黄河流域 1961—2014 年的历史观测数据与 CMIP6 模拟同时期数据的差值（偏差）来评估 CMIP6 模型的模拟性能。黄河流域在降尺度前后六种气候模式模拟下的月降水、最高气温及最低气温的偏差范围、均值和方差见表 3.1。

表 3.1　　　　　　　降尺度前后黄河流域气候变化偏差统计值对比

变量	CMIP6 模式	降尺度前			降尺度后		
		偏差范围	均值	方差	偏差范围	均值	方差
降水/ (mm/d)	MRI_ESM2_0	$-3.37\sim4.45$	0.47	0.73	$-2.01\sim2.38$	0.0002	0.37
	MPI_ESM1_2_LR	$-3.54\sim2.45$	0.04	0.79	$-2.67\sim1.91$	0.00001	0.24
	MIROC6	$-2.12\sim4.89$	0.82	1.13	$-1.41\sim3.48$	0.00003	0.47
	CanESM5	$-3.54\sim2.65$	-0.04	0.74	$-2.93\sim2.01$	-0.0001	0.34
	BCC_CSM2_MR	$0.02\sim5.45$	1.26	1.40	$-0.41\sim2.12$	0.00001	0.23
	ACCESS_ESM1_5	$-3.22\sim3.44$	0.32	0.76	$-2.70\sim2.66$	0.00002	0.20
最高气温 /℃	MRI_ESM2_0	$-7.98\sim6.34$	-1.33	8.75	$-5.43\sim4.43$	0.00004	2.99
	MPI_ESM1_2_LR	$-11.36\sim6.0$	5.01	8.12	$-6.88\sim5.34$	-0.00004	3.22
	MIROC6	$-0.03\sim4.54$	2.61	0.67	$-1.32\sim2.03$	-0.0001	1.09
	CanESM5	$-16.58\sim4.45$	3.07	7.80	$-4.44\sim6.81$	0.0005	1.89
	BCC_CSM2_MR	$-7.12\sim10.05$	0.33	6.08	$-5.52\sim6.34$	0.0008	3.30
	ACCESS_ESM1_5	$-6.49\sim6.97$	-0.33	5.34	$-3.35\sim4.11$	-0.00004	3.04
最低气温 /℃	MRI_ESM2_0	$-5.74\sim5.69$	1.38	3.99	$-4.75\sim5.83$	-0.0001	2.12
	MPI_ESM1_2_LR	$-9.01\sim15.36$	8.59	6.44	$-5.37\sim5.86$	-0.0001	2.22
	MIROC6	$0.60\sim5.03$	3.32	0.64	$-4.18\sim6.67$	-0.0003	2.07
	CanESM5	$-16.64\sim2.68$	-7.57	6.23	$-4.80\sim6.28$	-0.0002	1.94
	BCC_CSM2_MR	$-4.36\sim14.03$	3.09	11.22	$-5.53\sim5.94$	-0.0001	2.32
	ACCESS_ESM1_5	$-3.87\sim12.27$	2.55	4.70	$-6.23\sim6.05$	-0.0001	2.52

结果表明，降尺度前，所选取的六种 CMIP6 模型的月降水偏差范围为 $-3.54 \sim 5.45$mm/d，均值为 $-0.04 \sim 1.26$mm/d，方差为 $0.73 \sim 1.40$；月最高气温偏差为 $-16.58 \sim 10.05$℃，均值为 $-1.33 \sim 5.01$mm/d，方差为 $0.67 \sim 8.75$；月最低气温偏差为 $-16.64 \sim 15.36$℃，均值为 $-1.57 \sim 8.59$mm/d，方差为 $0.64 \sim 11.22$。偏差大会降低 CMIP6 原始数据的可信度，历史模拟数据的偏差会持续到未来的预测中，这会大大降低直接利用 CMIP6 原始数据进行评估预测的可靠度，所以需要对其进行降尺度处理及偏差修正。降尺度后，六种 CMIP6 模型的月降水偏差为 $-2.93 \sim 3.48$mm/d，均值为 $-0.0001 \sim 0.0002$mm/d，方差为 $0.2 \sim 0.47$；月最高气温偏差为 $-6.88 \sim 6.81$℃，均值为 $-0.00041 \sim 0.0005$mm/d，方差为 $1.09 \sim 3.30$；月最低气温偏差为 $-6.23 \sim 6.67$℃，均值为 $-0.0003 \sim 0.0001$mm/d，方差为 $1.94 \sim 2.52$。以上结果表明降尺度后的偏差明显小于降尺度前的偏差，降尺度方法对黄河流域偏差的改善效果较为满意。

3.3　CMIP6 模式降尺度资料模拟性能评估

由于 CMIP6 模式中不同气候要素的模拟性能参差不齐，并且模拟性能较差的模式对集合平均结果的影响较大。本书基于 CMIP6 中的六种全球气候模式数据，经统计降尺度方法将大尺度的模式数据转化为流域尺度分辨率为 $0.25° \times 0.25°$ 的高精度网格数据后，分别对所选的气候模式在黄河流域的适用性进行偏差修正。为有效避免单一气候模式对流域气候模拟能力较弱的问题，本节利用贝叶斯模型平均构建多模式集合平均（MME），将六种单一 GCM 气候模式和多模式集合平均（MME）分别与历史数据的均方根误差、标准差以及相关系数等统计指标进行综合分析，旨在验证多模式集合平均和单一气候模式对黄河流域的降水和气温在时空分布具有的模拟精度，筛选出表现能力较好的模式，降低模式预估的不确定性。

3.3.1　气候模式模拟能力评估
3.3.1.1　降水评估

不同气候模式和多模式集合的降水模拟值与实测值的泰勒图如图 3.2 所示，不同符号表示六种气候模式模拟值和 MME 的模拟值，REF 表示的是观测值。由图可知，六种单一 GCM 模式和 MME 的模拟值与实测值的相关系数集中在 $0.75 \sim 0.95$ 之间，其中对月尺度降水模拟效果最优的模式为单模式 MIROC6，该模式的模拟值与观测点（REF）之间的均方根误差较小且标准差之比更接近于 1，相关系数为 0.92。MME 和 ACCESS_ESM1_5 模式的模拟值与观测值的均方根误差在 $0.4 \sim 0.5$，相关系数在 $0.85 \sim 0.9$，且 MME 的均方根误差更小，相关系数更接近于 0.9。CanESM5 模式、BCC_CSM2_MR 模式以及 MPI_ESM1_2_LR 模式的模拟值与观测值的均方根误差在 0.4～0.6，相关系数在 0.8～0.85，并且 BCC_CSM2_MR 模式和 MPI_ESM1_2_LR 模式的模拟值与观测值的均方根误差和相关系数基本上是重合的。MRI_ESM2_0 模型模拟值与观测值之间的距离较远，均方根误差小于 0.6，模拟值与实测值之间的相关系数小于 0.8，该模式对降水的模拟效果最差。

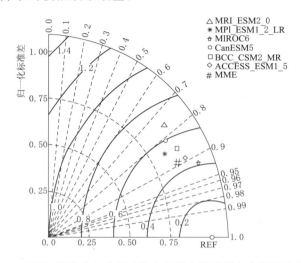

图 3.2　不同气候模式和多模式集合的降水模拟值与实测值的泰勒图

综上，黄河流域降水模拟模式的效果依次为 MIROC6、MME、ACCESS_ESM1_5、BCC_CSM2_MR、MPI_ESM1_2_LR、CanESM5 以及 MRI_ESM2_0。虽然 MME 在降水方面比 MIROC6 单模式模拟效果稍差，但就总体而言，MME 距离观测数据也较近，说明 MME 对降水的回报效果也较好。

为了更直观地体现 MME 在黄河流域降水模拟中的优势，本书对黄河流域 1961—2014 年多气候模式多时间尺度平均降水的模拟精度验证如图 3.3 所示。其中，横轴表示多时间尺度（月份、季节），纵轴表示 MME 和各单一 GCM 气候模式的模拟结果，颜色越趋近于色带下方，表示精度越高，模拟能力越好；颜色越趋近于色带上方，表示误差较大，精度较低，模拟能力越差。横向上的分析可以比较 MME 或同一 GCM 气候模式在黄河流域不同月份（季节）的模拟精度，而纵向上的分析可以比较不同气候模式在同一月份模拟精度的差异性。

据图 3.3 可知，MME 能够较好地模拟黄河流域各月和季节的降水。MME 月尺度降水模拟的均方根误差范围为 0.07～0.83，其中 1 月和 12 月 MME 的均方根误差最小，值为 0.07，模拟效果最好；2 月 MME 的均方根误差为 0.09，模拟效果仅次于 1 月和 12 月；9 月 MME 的均方根误差最大，为 0.83。这是因为 1 月、2 月和 12 月降水变率较小，而 9 月降水变率较大，MME 模式对于变率较大的降水模拟能力有一定的欠缺。MME 季节尺度降水模拟的均方根误差范围为 0.04～0.42，优于其他各单一 GCM 气候模式的模拟效果。此外，从图 3.3 中可以清晰看出，MIROC6、ACCESS_ESM1_5、BCC_CSM2_MR、MPI_ESM1_2_LR、CanESM5 以及 MRI_ESM2_0 这六种模式在 1 月、2 月、12 月以及冬季尺度降水模拟的均方根误差值均较小，而在 7 月、8 月以及 9 月降水模拟的均方根误差值均不理想，说明这六种气候模式在 7 月、8 月以及 9 月对黄河流域的降水平均态缺乏基本的模拟能力，这是因为黄河流域该时段降水变率较大，而这些气候模式对于这种变率较大的降水特征存在弊端。

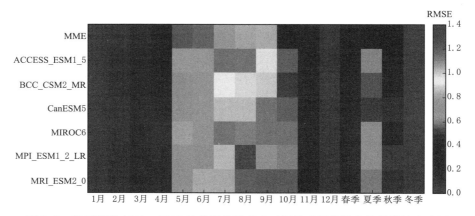

图 3.3　黄河流域 1961—2014 年多气候模式多时间尺度平均降水的模拟精度验证

综上所述，MME 的模拟结果显然优于单个 GCM 气候模式的模拟结果，模拟能力表现较好，这是因为基于多模式集合平均能够互相消除不同模式之间的部分偏差，从而获得较好的模拟效果[174]。

3.3.1.2　气温评估

不同气候模式和多模式集合的气温模拟值与实测值的泰勒图如图 3.4 所示。从图中可以看出，降尺度后单一 GCM 气候模式和 MME 对气温时间序列的模拟能力均较为接近，说明各模式对气温的模拟能力差异较小。对于最高气温［图 3.4（a）］，各单一 GCM 模式和 MME 的模拟值与实测值之间的相关系数均集中在 0.98～1.0，而 MME 的模拟结果与实测值之间的均方差最小且标准差之比更接近于 1，相关系数大于 0.99，说明 MME 对最高气温的模拟效果更好；CanESM5 模式的模拟值与实测值之间的均方根误差小于 0.2，相关系数接近于 0.99，该模式对最高气温的模拟仅次于 MME；ACCESS_ESM1_5 模式、MPI_ESM1_2_LR 模式、MRI_ESM2_0 模型以及 BCC_CSM2_MR 模式这 4 种模式的模拟效果十分接近，模拟值与实测值之间的均方根误差接近于 0.2，标准差集中于 0.85～0.9 之间，相关系数集中于 0.98～0.99 之间；MIROC6 模式模拟值与观测值之间的均方根误差小于 0.2，相关系数为 0.98，该模式对最高气温的模拟效果逊色于其他模式。而最低气温 [图 3.4（b）] 的模拟结果相对于最高气温的模拟结果更为集中，MME 的模拟值与实测值之间的均方差最小且标准差之比更接近于 1，相关系数大于 0.99，说明 MME 同样对最低气温的模拟效果最好；MRI_ESM2_0 模型的模拟值与实测值之间的相关系数为 0.99，该模式的模拟效果仅次于 MME；ACCESS_ESM1_5 模式、BCC_CSM2_MR 模式、CanESM5 模式、MPI_ESM1_2_LR 模式以及 MIROC6 模式这五种气候模式的模拟效果十分接近，模拟值与实测值之间的均方根误差大于 0.2，且比较集中，相关系数集中于 0.98～0.99 之间。

综上所述，MME 和六种单一 GCM 气候模式对最高、最低气温均具有较好的模拟效果，且 MME 的模拟效果更优，与以往研究学者的结论一致[175]。

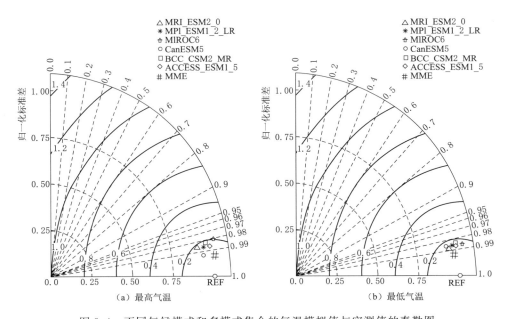

图 3.4　不同气候模式和多模式集合的气温模拟值与实测值的泰勒图

对黄河流域 1961—2014 年多气候模式多时间尺度气温的模拟精度验证如图 3.5 所示。从图中可以看出，MME 对所有月尺度和季节尺度的模拟精度最优，就月尺度模拟情况而言，MME 月尺度最高气温模拟的均方根误差范围为 0.81～2.07，其中，6 月的均方根误差最小，值为 0.81，2 月的均方根误差最大，值为 2.07；最低气温模拟的均方根误差范围为 0.63～1.85，其中，6 月的均方根误差最小，值为 0.63，2 月的均方根误差最大，值为 1.85。就季节尺度模拟情况而言，最高气温和最低气温均是夏季模拟精度最高，春秋两季的模拟精度相对逊于夏季的模拟精度，冬季的模拟精度最低。同时从图 3.5 可看出，MIROC6、ACCESS_ESM1_5、BCC_CSM2_MR、MPI_ESM1_2_LR、CanESM5 以及 MRI_ESM2_0 这六种气候模式在 5 月、6 月、7 月、8 月、9 月以及 10 月能相对较好的模拟出黄河流域的气温情况，但是模拟效果稍逊于 MME。

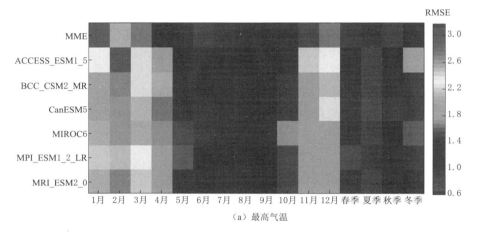

（a）最高气温

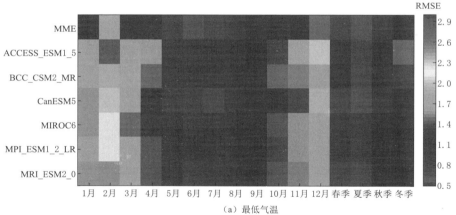

（a）最低气温

图 3.5　黄河流域 1961—2014 年多气候模式多时间尺度气温的模拟精度验证

3.3.2　MME 模式的模拟性能

3.3.2.1　时间模拟能力

通过评估多个气候模式对降水、最高气温以及最低气温的模拟能力，最终确定 MME 的模拟效果最优。为了进一步评估 MME 对降水的模拟能力，利用黄河流域降水实测资料，基于 MME 模式对黄河流域降水气候平均场（1961—

2014 年）的模拟能力进行评估。逐月降水量的实测值与模拟值对比过程如图
3.6 所示，图中 r 为相关系数，$stdr$ 为 MME 模式标准差与实测值标准差之间的
比值，方框里表示的是 MME 模式与实测值的箱线图，箱框底部和顶部分别表
示第 25 百分位数（下四分位数）和第 75 百分位数（上四分位数），实线顶端为
最大值（上限），实线底端为最小值（下限），箱线图内的黑实线表示中位数，
方形点为均值大小。从图中可以看出，MME 能够基本模拟月降水的变化过程，
但是有些年份的模拟效果低于实测值，尤其是丰水季较明显。由于丰水季降水
多存在短历时、强降水的情况，使得气候模式对降水的模拟精度较低，但众多
研究表明贝叶斯模型平均方法构建的模式整体上对降水的模拟能力较好。由图
可知黄河流域逐月降水，MME 和实测值的相关系数为 0.9，吻合度较高，模拟
效果较优。多模式集合平均值与实测值的标准差之比为 0.93，说明 MME 与实
测值的逐月降水波动幅度大体保持一致。虽然 MME 的上下限跨度比实测值的
稍微短点，但是 MME 的上下四分位数长度与实测值基本一致。

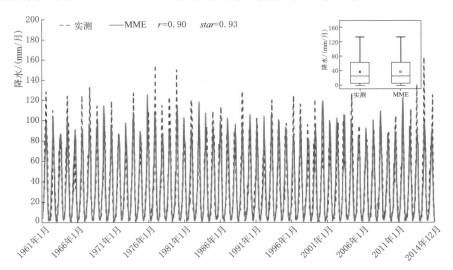

图 3.6　CMIP6 模式降尺度资料模拟 1961—2014 年逐月降水变化

　　同样，为了考察 MME 模式对最高气温和最低气温的模拟能力，分别分析
最高、最低气温与实测值比较的逐月过程图。1961—2014 年逐月最高、最低气
温 MME 与实测过程对比如图 3.7 所示。可以看出 MME 对月最高、最低气温过
程的模拟效果均较好，但有些年份的气温略低于实测值，尤其以冬季最为明显。
对于黄河流域逐月最高气温，MME 和实测值的吻合度较高，其相关系数为
0.98，模拟效果较优。MME 与实测值的标准差之比为 0.98，说明 MME 与实测
值的逐月最高气温波动幅度基本一致。虽然 MME 的上下限跨度比实测值的略

短，但是 MME 的上下四分位数长度与实测值基本一致。对于黄河流域最低气温，MME 和实测值的变化特征几乎重合，其相关系数为 0.99，模拟效果略好于最高气温。并且 MME 的箱线图和实测值基本一样。

综上所述，MME 对黄河流域降水、最高气温和最低气温均能表现出较好的模拟能力，而降水的模拟效果稍劣于气温，这可能与降水过程的复杂性以及降水空间具有不连续性等因素有关，增加了模拟结果的不确定性。

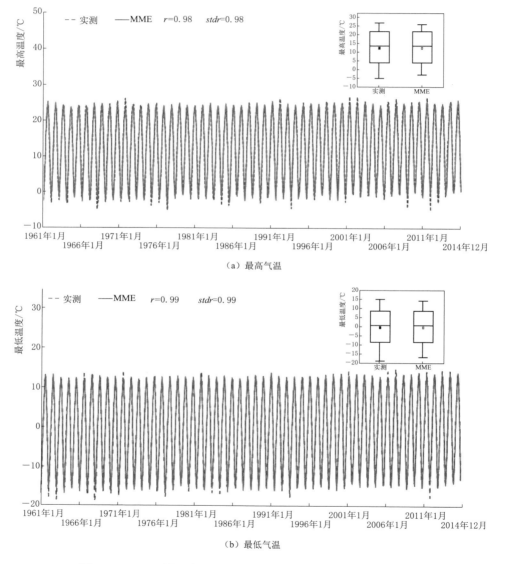

（a）最高气温

（b）最低气温

图 3.7　CMIP6 模式降尺度资料模拟 1961—2014 年逐月气温变化

3.3.2.2　空间模拟能力

MME 的多年平均值与实测值之间的相关系数和均方根误差的空间分布特征如图 3.8 所示，结果均通过显著性检验。由图可知，在流域西部地区模拟的相关系数范围为 0.87~0.96，均方根误差范围为 0.31~0.68，模式的模拟精度较高。而在流域的东部地区，模式模拟的相关系数小于 0.78，均方根误差大于1.05，模拟精度有所下降。

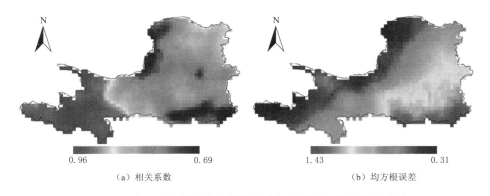

（a）相关系数　　　　　　　　　　　（b）均方根误差

图 3.8　降尺度多模式集合模拟的黄河流域多年月平均降水量
与实测值之间的空间分布特征

黄河流域降尺度后多模式集合季节平均降水量与实测数据相对偏差的空间分布如图 3.9 所示，负偏差说明模拟值小于实测值，正偏差说明模拟值大于实测值。从图中可以看出，春季降水的负偏差主要集中的区域为青海、甘肃西部和东部、陕西、山西南部以及河南地区，其中山西南部和河南地区的负偏差尤为明显，河南地区的相对负偏差较大（最大值−1.5%）；甘肃中部、宁夏北部以及内蒙古地区降水的相对偏差为正偏差，偏差范围在 0~1.5%。夏季降水模拟值与实测值基本一致，约流域一半面积的相对偏差范围处于−0.5%~0.5%之间，而河源、银川以及河南地区的相对负偏差比较大，偏差范围为−0.5%~−1.0%。秋季降水的负偏差地区为青海东南部、甘肃西部、宁夏以及河南地区，偏差范围集中在−0.5%~−1.0%，其中银川和洛阳地区的相对负偏差较大（最大值范围为−1.0%~−1.5%）。冬季降水的负偏差主要以四川、陕南以及山西南部地区为主，偏差范围为−0.5%~−1.5%，其中陕南地区的负偏差较大，偏差值小于−1.5%。

MME 对黄河流域最高气温与最低气温模拟能力的空间分布特征分别如图3.10 和图 3.11 所示，从图 3.10 中可以看出，结果均通过显著性检验。最高气温约占 4/5 流域面积的相关系数范围为 0.98~0.99，仅四川地区模拟的精度略低于其他区域，相关系数范围为 0.96~0.97，说明模拟值与实测值的相关性很

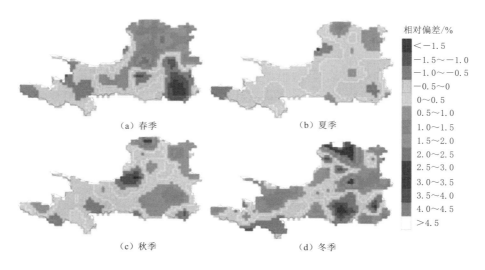

图 3.9　黄河流域 1961—2014 年降尺度多模式集合季节平均降水
与实测数据相对偏差空间分布

高；并且 MME 模拟的最高气温均方根误差范围为 1.27～1.99，均方根误差均小于 2，说明模式的模拟精度较高。对于最低气温，MME 多年平均月最低气温模拟值和实测值的吻合度较高，相关系数高达 0.99；其均方根误差范围为 0.98～1.89，总体均方根误差都小于 2，模拟效果比最高气温略好，能较好地模拟出最低气温的空间分布特征。

　　综上所述，MME 能够较好地体现黄河流域历史时期降水与气温的时空分布特征。

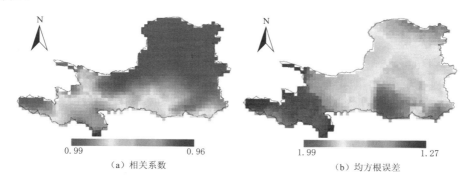

图 3.10　降尺度多模式集合模拟的黄河流域多年平均月最高温度
与实测值之间的空间分布特征

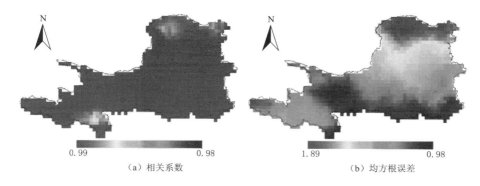

（a）相关系数　　　　　　　　　　　（b）均方根误差

图 3.11　降尺度多模式集合模拟的黄河流域多年平均月最低温度
与实测值之间的空间分布特征

3.4　黄河流域未来降水变化特征预测

第 3.3 节表明 MME 模式对黄河流域历史时期的降水和气温模拟能力较好，基于此模式本节选取 CMIP6 中的 SSP245 和 SSP585 未来情景模式，分析未来降水的变化。黄河流域 2015—2070 年（21 世纪初期和中期）及四季平均降水的预测结果见表 3.2。

表 3.2　　　黄河流域 21 世纪初期和中期年及四季平均降水量变化

时　　期	SSP	降水量/(mm/10a)				
		年	春季	夏季	秋季	冬季
2015—2040 年（初期）	245	11.2	2.9	7.4	−0.9	1.9
	585	12.1	5.1	−0.08	6.2	0.8
2041—2070 年（中期）	245	2.9	3.3	−1.4	0.8	0.2
	585	20.5	7.6	8.3	3.9	0.9

年尺度上，相对于 1961—2014 年，黄河流域未来降水的年际变化规律如下：①从不同时期来看，黄河流域的年降水量随着时间推移呈增加的趋势，其中 SSP245 情景下，初期大于中期，SSP585 情景下，初期小于中期；②从不同排放情景来看，黄河流域 SSP585 排放情景下的年降水量增加的趋势大于 SSP245 情景，在 21 世纪中期可达 20.5mm/10a，而 SSP245 情景下年降水量增加趋势呈减缓态势。

季尺度上，相对于 1961—2014 年，黄河流域未来降水量的季节变化规律如下：①从不同时期来看，SSP245 情景下，黄河流域春季和冬季的降水量随着时间推移呈增加趋势，且春季增加的幅度大于冬季；夏季的降水量在 21 世纪初期呈增加趋势，中期呈下降趋势；秋季的降水量在 21 世纪初期呈下降趋势，中期呈增加趋势。SSP585 情景下，黄河流域春、秋、冬季节的降水量随着时间的推移呈现增加趋势，夏季的降水量在 21 世纪初期呈下降趋势，中期呈增加趋势。②从不同排放情景来看，黄河流域春季和冬季的降水量均呈增加趋势，且春季在 SSP585 情景下增加的趋势最为明显。夏季在 21 世纪初期 SSP245 情景下呈增加的趋势，SSP585 情景下呈下降的趋势；21 世纪中期两种排放情景下的趋势与初期趋势正好相反。秋季在 21 世纪初期 SSP245 情景下呈下降趋势。③从不同季节来看，SSP245 情景下，21 世纪初期降水量增加趋势最大的为夏季，秋季为下降趋势；21 世纪中期降水量增加趋势最大的为春季，夏季为下降趋势。SSP585 情景下，21 世纪初期降水量增加趋势最大的为秋季，夏季为下降趋势；21 世纪中期四季降水量均呈增加趋势，增幅最大的为夏季。就同一季节不同情景下，春季和冬季降水量呈增加趋势，其他季节在不同情景下相对不稳定，说明不同 SSP 情景下季节降水量的变化趋势是多变的。综上所述，随着排放情景的增加，年降水量呈增大趋势，春季和冬季降水量也呈增加的趋势。

不同排放情景下 2015—2070 年黄河流域年降水量的时间变化特征如图 3.12 所示，随着排放情景的增大，21 世纪初期到中期的年降水量呈增加趋势。SSP245 情景下年降水量为 486.3mm，SSP585 情景下年降水量为 496.5mm，比 SSP245 高出 10.2mm。黄河流域 1961—2014 年平均降水量为 453.5mm，小于不同排放情景下模拟的平均降水量，2015—2070 年的降水量表现出增强现象。此外，SSP245 情景下降水量变化趋势为 7.7mm/10a，SSP585 情景下降水量变化趋势为 12.7mm/10a，说明 SSP585 情景下降水量增加速率大于 SSP245 情景下的。

SSP245 和 SSP585 情景下黄河流域降水量的逐月变化特征如图 3.13 所示。从图 3.13（a）可以看出，SSP245 情景下流域降水量在未来初期和中期的年内变化趋势基本一致，呈倒 U 形分布。高值集中在 6—8 月（夏季），其中 7 月的基准期和未来两个时期的降水达到最大值。低值集中在 12 月和 1 月、2 月（冬季），12 月为年内最小值。SSP245 情景下降水量月均值未来中期＞未来初期＞基准期。图 3.13（b）是 SSP585 情景下不同时期降水量的年内变化，总体趋势类似于 SSP245 情景，SSP585 情景下同样是未来中期降水量最大。

箱线图由于不易受异常值的影响，还能较为准确地描述数据的离散分布情况，所以经常被用来描述气象要素的变化趋势以及统计特性。不同排放情景下 2015—2070 年黄河流域四季降水量的箱线图如图 3.14 所示，图中箱内的黑实线表示中位数，方形点为均值大小，箱框顶部和底部分别表示上四分位数和下四

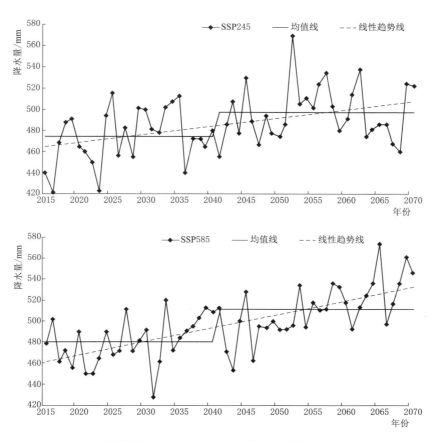

图 3.12　不同排放情景下 2015—2070 年黄河流域降水量时间变化特征

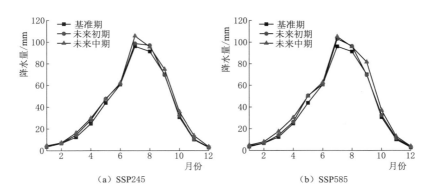

（a）SSP245　　　　　　　　　（b）SSP585

图 3.13　黄河流域 1961—2070 年不同情景下降水量逐月变化特征

分位数，延长的上限表示最大值，延长的下限表示最小值，上、下四分位数和上、下限的跨度在一定程度上反映了时间序列数据的稳定性[176]。从中位数的变化可知，随着排放情景的增大，四季降水量都呈上升的特征。从上下四分位数和上下限跨度可知，四季降水的稳定性随着排放情景的增大而减弱，春季降水量的稳定性在四季中较差。与历史时期的四季降水量相比，四季降水量在SSP245 和 SSP585 情景下都存在增加现象，其中夏季的降水量增加幅度最大，SSP585 情景下增加到 262.5mm，其次是春季、秋季和冬季。

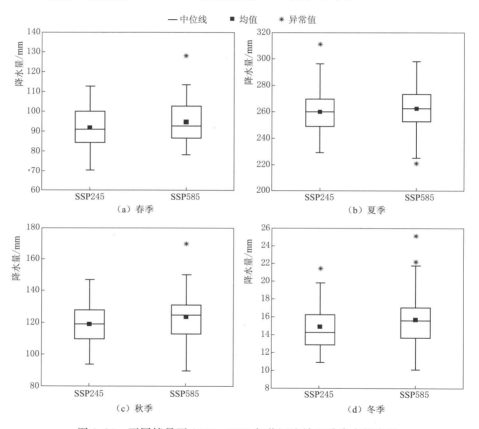

图 3.14　不同情景下 2015—2070 年黄河流域四季降水箱线图

不同排放情景下 2015—2070 年黄河流域季节降水量的变化趋势见表 3.3。四季降水量在不同排放情景下均呈增加趋势，其中，春、秋和冬季的增加趋势通过显著性检验，夏季的增加趋势不显著。SSP245 情景下，四季降水量均呈上升的态势，其中秋季降水量增加速率最大，为 3.3mm/10a，其次是夏季和春季，分别为 2.2mm/10a 和 1.7mm/10a，冬季的降水量增加的速率最小，为 0.6mm/10a。SSP585 情景下，四季降水量也是呈上升的态势，其中秋季降水量增加的速率最大，其次是春季、夏季以及冬季；且春季、秋季以及冬季的变化速率均大于 SSP245 情景下的。

表 3.3　　不同排放情景下 2015—2070 年黄河流域季节降水量变化趋势

SSP	降水量/(mm/10a)			
	春季	夏季	秋季	冬季
245	1.7 *	2.2	3.3 * *	0.6 * *
585	3.5 * *	2.1	6.1 * *	0.9 * *

注　　* 表示通过 $p=0.05$ 的显著性检验，* * 表示通过 $p=0.01$ 的显著性检验。

　　SSP245 情景下降水量在预测期（2015—2070 年）相对于基准期变化的空间分布如图 3.15 所示。春季降水量序列在黄河流域均呈增加趋势，增幅由西南向东北逐渐变大，其中内蒙古地区增幅超过 20%；夏季降水量序列在内蒙古北部，山西以及河南地区呈上升趋势，增幅超过 15% 的区域占研究区总面积的 82.8%，在甘肃以及青海东北部地区呈下降趋势；秋季降水量序列除了青海北部地区呈下降趋势，其余地区均呈上升趋势，占流域总面积的 98%；冬季降水量序列均为增加趋势，增加幅度由南向北递增，其中占流域面积 83.3% 的区域呈微弱（<20%）增加趋势。

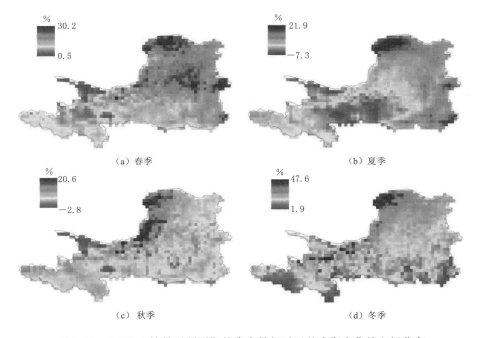

（a）春季　　　　　　　　　　　　　　（b）夏季

（c）秋季　　　　　　　　　　　　　　（d）冬季

图 3.15　SSP245 情景下预测期的降水量相对于基准期变化的空间分布

SSP585 情景下降水量在预测期相对于基准期变化的空间分布如图 3.16 所示。春季降水量序列在整个流域均呈增加趋势，增幅由西南向东北逐渐变大，其中内蒙古地区增幅超过 27%；夏季降水量序列大部分区域呈上升的趋势，占流域总面积的 86.1%；青海北部以及甘肃地区呈下降趋势；秋季降水量序列除河南地区呈下降趋势，其余地区均呈上升的态势，增幅最大的地区为宁夏以及内蒙古西北地区，约占研究区总面积的 6.3%；冬季降水量序列均为增加趋势，增加幅度由南向北递增，其中占流域面积 23.6% 的区域增加幅度较大，增幅超过 30%。

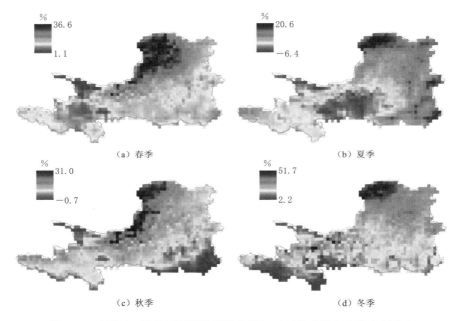

图 3.16   SSP585 情景下预测期的降水量相对于基准期变化的空间分布

比较图 3.15 和图 3.16 可以看出，相对于基准期，春季和冬季预测期降水量均呈增加的趋势，且随着排放情景的增大而增大；夏季和秋季预测期降水量只有小部分呈减小的趋势，大部分地区呈增加的趋势，且随着排放情景的增大而增大。整体上，未来降水量呈增加的趋势。

SSP245 情景下 2015—2070 年黄河流域四季降水量的空间变化特征如图 3.17 所示。春季的降水量序列均呈增加的趋势，变化趋势在 0.02~5.7mm/10a 间，由北向南变化趋势依次增强，最高值出现在四川南部以及甘肃南部地区；夏季降水量序列变化趋势范围为 -2.1~5.5mm/10a，大部分地区呈增加趋势，仅在陕西南部小范围地区呈减少趋势，其中高值区占流域面积的 20.5%；秋季降水量序列均呈增加趋势，变化趋势范围为 0.5~9.4mm/10a，由北向南变化趋势依次增强，其中内蒙古、宁夏以及甘肃地区降水量增加幅度最小，占流域面积的 31.6%，陕西南部地区增幅最大，占流域面积的 7.6%；冬季降水量序列也呈增加的趋势，变化趋势范围在 0.1～2.0mm/10a 间，绝大部分地区增加幅度（<1.4）较小，占流域面积的 96.9%。综上，春季、秋季和冬季降水量均呈增加趋势，由北向南变化趋势依次增强。

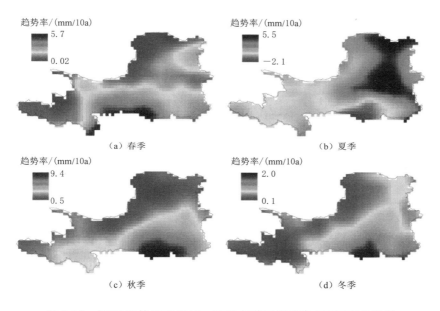

图 3.17　SSP245 情景下 2015—2070 年黄河流域降水空间变化特征

SSP585 情景下 2015—2070 年黄河流域四季降水量的空间变化特征如图 3.18 所示。春季降水量序列均呈增加的趋势，变化趋势集中在 1.2～8.9mm/10a，西北地区增加幅度较小，东南地区增加幅度较大；夏季降水量序列变化情况与其他三个季节不同，除了甘肃地区呈减小的趋势，其他地区均为增加趋势，变化趋势为−3.6～8.1mm/10a，其中内蒙古东部以及山西地区为高值区，占流域面积的 11.3%；秋季降水量序列均呈增加趋势，变化趋势为 1.5～10.7mm/10a，由西北向东南方向变化趋势依次增强，分为低值区、中值区和高值区，其中低值区占流域面积的 14%，高值区占流域面积的 43.9%；冬季降水量序列也都呈增加的趋势，变化趋势在 0.2～2.4mm/10a 间，绝大部分地区增加幅度（<1.7）较小，占流域面积的 93%。

比较图 3.17 和图 3.18 可以看出，21 世纪黄河流域绝大部分区域降水量表现出增加趋势，随着排放情景的增大，四季降水的变化速率随之增大，四季降水量变化趋势率高值区的范围也呈扩大趋势。

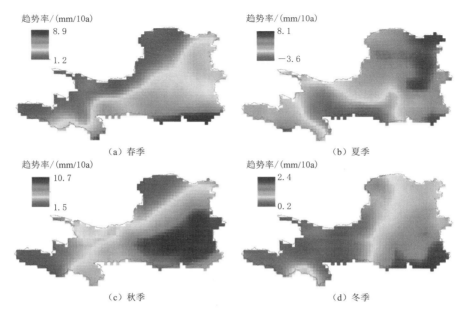

图 3.18　SSP585 情景下 2015—2070 年黄河流域降水空间变化特征

3.5　黄河流域未来气温变化特征预测

3.5.1　未来最高气温变化

黄河流域 21 世纪初期和中期年及四季最高气温预测结果见表 3.4。相对于 1961—2014 年，黄河流域的年最高气温随着时间的推移逐渐升高，21 世纪中期 SSP585 情景下最高气温的增加速率最大为 0.56℃/10a；黄河流域四季最高气温 随着时间推移均呈升高趋势。

表 3.4　黄河流域 21 世纪初期和中期的年及四季最高气温变化

时　　期	最高气温/(℃/10a)					
	SSP	年	春季	夏季	秋季	冬季
2015—2040 年（初期）	245	0.33	0.45	0.38	0.45	0.52
	585	0.53	0.42	0.58	0.58	0.53
2041—2070 年（中期）	245	0.31	0.33	0.30	0.38	0.24
	585	0.56	0.56	0.49	0.69	0.51

从不同排放情景看，SSP245 情景下四季最高气温增幅均随时间的推移而下 降；SSP585 情景下春季和秋季最高气温增幅随时间推移而上升，且秋季的上升

趋势最明显,夏季和冬季呈下降趋势。

从不同季节来看,21世纪初期未来最高气温在SSP245情景下,增幅最大的为冬季,最小的为夏季;在SSP585情景下,增幅最大的为夏季和秋季,最小的为春季;21世纪中期未来最高气温在SSP245情景下,增幅最大的为秋季,最小的为冬季;在SSP585情景下,增幅最大的为秋季,最小的为夏季。且在SSP245情景下,未来中期的最高气温均小于未来初期,该现象可能是因为气温与辐射强迫的相关性[177]。

综上,未来时期黄河流域年、季节最高气温随着时间的推移而呈上升趋势,且随着排放情景的增大,上升的速率逐渐增大。

不同排放情景下2015—2070年黄河流域最高气温的时间变化特征如图3.19所示,不同排放情景下未来时期黄河流域均存在升温趋势。SSP245情景下,21世纪初期和中期的年均最高气温分别为13.78℃和14.68℃,SSP585情景下,两个时期的年均最高气温分别为13.87℃和15.24℃。SSP585情景下的最高气温初期仅比SSP245情景下高0.09℃,中期的高于0.56℃,总体相差较小。黄河流域1961—2014年平均最高气温为12.49℃,小于SSP245和SSP585情景下模拟的年均最高气温。

综上所述,随着排放情景的增大,21世纪年均最高气温有增温趋势,但总体相差较小,这可能与人类采取有效的限制城市化以及经济活动等的排放措施有关,同时也可能是气候的自然变率产生的效果。

不同情景下黄河流域1961—2070年最高气温的逐月变化特征如图3.20所示。从图中可以看出,两种排放情景下的最高气温在21世纪年内变化趋势基本一致,均呈倒U字形分布。夏季(6—8月)为高值区,其中7月的基准期和未来两个时期的最高气温达到最大值;冬季(12月和1月、2月)为低值区,1月为年内最小值。随着排放情景的增大,月最高气温的变化呈上升趋势,且未来中期>未来初期>基准期。

不同情景下黄河流域2015—2070年不同季节最高气温箱线图如图3.21所示。随着排放情景的增大,最高气温均呈现上升的趋势。根据上、下四分位数和上、下限跨度,四季最高气温的稳定性均随着排放情景的增大而减弱,夏季最不稳定。此外,与历史时期的四季最高气温相比,未来最高气温均存在增温的现象,其中秋季增温幅度最大,在SSP585情景下增温达2.34℃,其次是冬季、夏季和春季。

SSP245情景下2015—2070年黄河流域最高气温的空间变化特征如图3.22所示。由图可知,21世纪四季最高气温变化均呈增加趋势,四季空间分布特征具有显著差异性。春季最高气温变化率为0.24~0.38℃/10a,其中青海西南部、四川、内蒙古东北部、山西东部地区增温较为平缓,面积占比约为81.3%

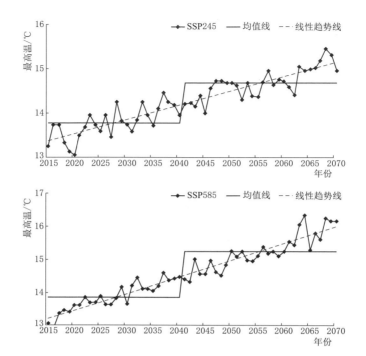

图 3.19　不同排放情景下 2015—2070 年黄河流域最高气温时间变化特征

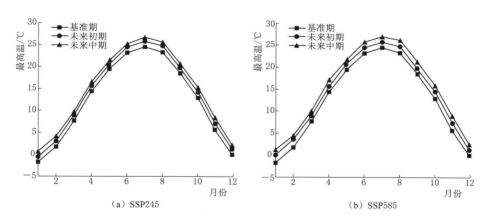

（a）SSP245　　　　　　　　　　　（b）SSP585

图 3.20　不同情景下黄河流域 1961—2070 年最高气温逐月变化特征

（0.28＜趋势率＜0.35），内蒙古东部地区增温最不显著；夏季最高气温变化率为 0.22～0.41℃/10a，增温趋势由西向东依次减弱，其中青海地区增温幅度最大，高值区占流域面积的 28.4%（＞0.36）；秋季最高气温变化率在 0.25～0.42℃/10a 间，由西向东依次增强，其中青海地区增温幅度最小，面积占比约

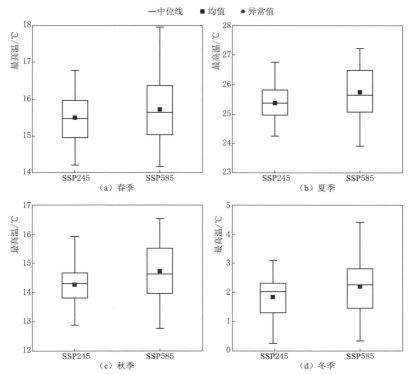

图 3.21   不同情景下黄河流域 2015—2070 年四季最高气温箱线图

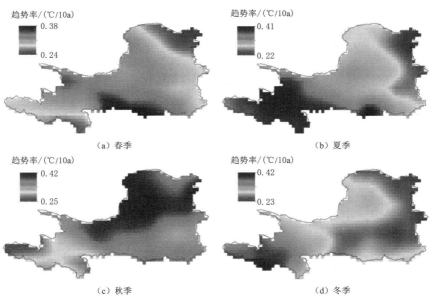

图 3.22   SSP245 情景下 2015—2070 年黄河流域最高气温空间变化特征

为 7.8%（<0.29），甘肃东部、宁夏、内蒙古地区增温幅度最大，面积占比约为 42.9%（>0.37）；冬季最高气温变化率在 0.23～0.42℃/10a 间，增温趋势由西向东依次减弱，其中甘肃东部、陕西、内蒙古东部、山西以及河南地区增温幅度较小（<0.33），面积占比约为 41.4%。

SSP585 情景下 2015—2070 年黄河流域最高气温的空间变化特征如图 3.23 所示。春季最高气温变化率为 0.33～0.65℃/10a，增温趋势流域西部地区高于流域东部地区，其中甘肃地区增温最为明显，面积占比约为 21.4%（>0.56），内蒙古、陕西、山西以及河南地区增温趋势较弱，面积占比约为 56%（<0.46）；夏季最高气温变化率为 0.43～0.64℃/10a，青海地区增温最为明显，面积占比约为 15.9%（>0.58），陕西南部、山西以及河南地区增温趋势不明显，面积占比约为 26.3%（<0.48）；秋季最高气温变化率在 0.46～0.66℃/10a 间，流域大部分地区增温比较平缓，面积占比约为 72.8%（0.51<趋势率<0.61）；冬季最高气温变化率在 0.42～0.59℃/10a 间，其中青海西部地区增温较为显著，面积占比约为 8.1%（>0.55），四川以及内蒙古北部地区增温较弱，面积占比约为 24.3%（<0.46）。

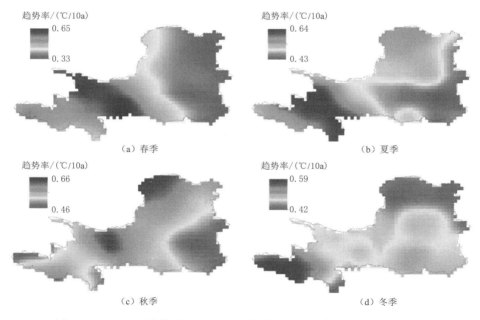

图 3.23　SSP585 情景下 2015—2070 年黄河流域最高气温空间变化特征

综合图 3.22 和图 3.23 可以看出，不同排放情景下 21 世纪黄河流域四季最高气温均呈增温的态势，空间分布特征差异显著。随着排放情景的增加，四季变化趋势率随之增加，但高值区面积占比呈减小的趋势。

3.5.2　未来最低气温变化

黄河流域 21 世纪初期和中期年及四季最低气温的预测结果见表 3.5。相对于 1961—2014 年，黄河流域年最低气温表现出升温趋势，21 世纪中期 SSP585 情景下增温趋势率为 0.59℃/10a。季尺度上，黄河流域未来最低气温变化规律如下：①从不同时期来看，黄河流域四季最低气温均呈现上升趋势，SSP245 情景下，春、夏、秋季节最低气温增幅随着时间的推移而下降；SSP585 情景下，春、秋、冬季节最低气温增幅随着时间的推移而上升，且秋季的上升趋势最为明显；②从不同季节来看，SSP245 情景下 21 世纪春季最低气温增幅最大，冬季增幅最小；SSP585 情景下，秋季增幅最大，春季增幅最小。在 SSP245 情景下，未来中期的最低气温小于未来初期，该现象可能是由气温与辐射强度的相关性引起的[177]。

表 3.5　　　　黄河流域 21 世纪初期和中期的年及四季最低气温变化

时　　期	SSP	最低气温/(℃/10a)				
		年	春季	夏季	秋季	冬季
2015—2040 年（初期）	245	0.40	0.52	0.48	0.46	0.14
	585	0.53	0.39	0.59	0.59	0.53
2041—2070 年（中期）	245	0.28	0.32	0.28	0.26	0.26
	585	0.59	0.59	0.54	0.66	0.56

不同排放情景下 2015—2070 年黄河流域年最低气温的时间变化趋势如图 3.24 所示。由图可知，SSP245 情景下，未来初期和中期最低气温的平均值分别为 1.08℃ 和 1.99℃，SSP585 情景下分别为 1.18℃ 和 2.61℃，对比历史时期（1961—2014 年）的最低气温平均值 −0.27℃，存在较为显著的升温现象。此外，随着排放情景的增大，未来时期年最低气温变化趋势随之增加，SSP245 和 SSP585 情景下的最低气温变化趋势率分别为 0.33℃/10a 和 0.52℃/10a。

图 3.25 为 SSP245 和 SSP585 情景下黄河流域最低气温的逐月变化特征如图 3.25 所示。从图中可以看出，SSP245 和 SSP585 情景下流域最低气温在未来时期的年内变化趋势与最高气温的变化趋势相似，均呈倒 U 字形分布。6—8 月（夏季）为高值区，其中 7 月的基准期和未来两个时期的最低气温达到最大值。12 月和 1 月、2 月（冬季）为低值区，1 月为年内最小值。随着排放情景的增大，月最低气温的变化呈上升的趋势，且未来中期＞未来初期＞基准期。

不同排放情景下 2015—2070 年黄河流域季节最低气温箱线图如图 3.26 所示。随着排放情景的增大，黄河流域四季最低气温均呈现上升的趋势。根据上、下四分位数和上、下限跨度，四季最低气温的稳定性均随着排放情景的增大而减弱，夏季最低气温最不稳定。此外，与 1961—2014 年时期的四季最

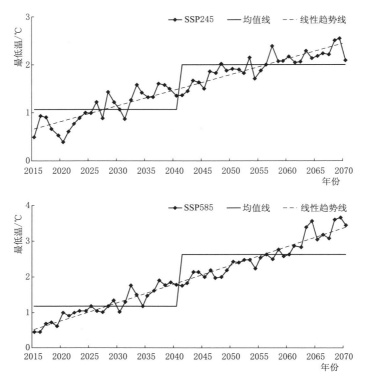

图 3.24　不同排放情景下 2015—2070 年黄河流域最低气温时间变化特征

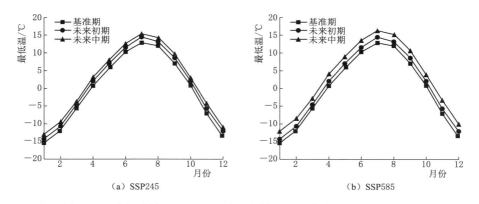

（a）SSP245　　　　　　　　　　（b）SSP585

图 3.25　黄河流域 1961—2070 年不同情景下最低气温逐月变化特征

低气温相比，未来最低气温在 SSP245 和 SSP585 情景下均存在增温的现象，其中秋季增温幅度最大，在 SSP585 情景下增温达 2.33℃，其次是夏季、冬季和春季。

　　SSP245 情景下 2015—2070 年黄河流域最低气温的空间变化特征如图 3.27

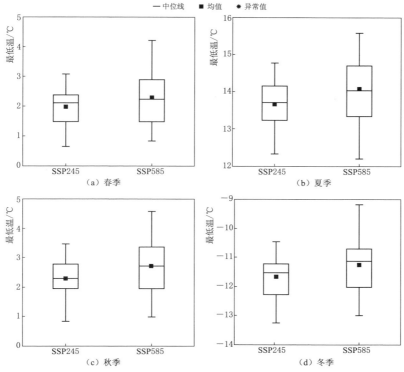

图 3.26　不同情景下 2015—2070 年黄河流域四季最低气温箱线图

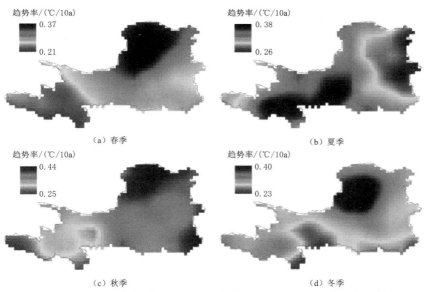

图 3.27　SSP245 情景下 2015—2070 年黄河流域最低气温空间变化特征

所示。由图可知，21 世纪四季最低气温变化均呈增加趋势。春季最低气温变化率为 0.21～0.37℃/10a，内蒙古地区增温最为明显；夏季最低气温变化率为 0.26～0.38℃/10a，青海中东部、四川以及甘肃地区增温幅度较大，增温率大于 0.32 的面积占比约 57.3%；秋季最低气温变化率在 0.25～0.44℃/10a 间，由西向东增温幅度依次增强，其中青海西部地区增温幅度最小，面积占比约为 4.2%，宁夏、内蒙古、山西东部以及河南地区增温幅度较大，面积占比约为 53.1%；冬季最低气温变化率在 0.23～0.40℃/10a 间，大部分地区增温幅度（<0.35）较为平缓，面积占比约为 81.5%。

SSP585 情景下 2015—2070 年黄河流域最低气温的空间变化特征如图 3.28 所示。春季最低气温变化率为 0.38～0.56℃/10a，其中甘肃、宁夏以及内蒙古地区增温较为明显，面积占比约为 39.9%；夏季最低气温变化率为 0.45～0.63℃/10a，内蒙古北部地区增温最为明显，河源地区增温趋势较弱，其中增温率小于 0.5 的面积占比约为 27.8%；秋季最低气温变化率在 0.46～0.67℃/10a 间，流域大部分地区增温比较平缓，面积占比约为 91.4%（0.51＜趋势率＜0.61）；冬季最低气温变化率在 0.37～0.62℃/10a 间，其中青海、宁夏以及内蒙古地区增温较为显著，面积占比约为 42.0%。

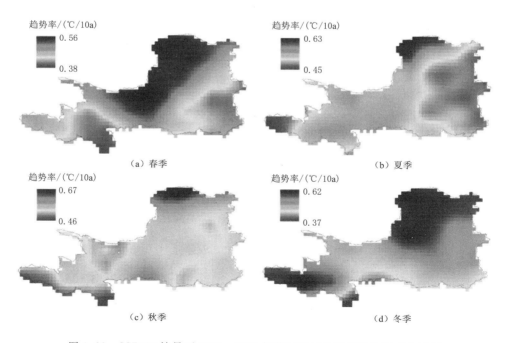

图 3.28　SSP585 情景下 2015—2070 年黄河流域最低气温空间变化特征

3.6　本　章　小　结

　　本章以 CMIP6 模式数据为基础,利用时空降尺度算法对 7 个气候模式的气象数据模拟偏差进行修正,基于历史观测数据优选模拟性能较优的气候模式,进而获取黄河流域降水量、最高气温以及最低气温的预估结果,并分析不同气候情景下 2015—2070 年黄河流域的时空变化特征。研究表明:

　　(1) BCSD 时空降尺度方法对 CMIP6 气候模式数据的模拟偏差具有较好的改善效果。利用贝叶斯模型平均法构建了多模式集合平均 (MME),并分别评估了 6 种 GCM 气候模式和多模式集合平均分别对降水、最高气温以及最低气温的模拟能力,结果显示多模式集合平均对研究区气象要素的模拟效果最优,且能较好地体现黄河流域降水与气温的时空分布特征。

　　(2) 不同排放情景下,21 世纪黄河流域年、季、月尺度降水量、最高气温和最低气温较历史时期均呈现增加趋势,且趋势率随着排放情景的增大而增大。各气象要素逐月变化特征均呈倒 U 形分布,且在 7 月达到最大值;季节变化的空间分布特征也均呈现出增大趋势,且随着排放情景的增大,季节降水量趋势率高值区面积随之增大,而最高气温趋势率高值区面积呈减小趋势。

第 4 章

基于流域水文模型的黄河流域水文过程模拟

水文模型是探究水文规律以及模拟水循环过程的重要工具，而水循环与干旱在成因上有着密不可分的联系，如干旱研究中的径流和土壤水等水文要素需要借助模型来获取。本书结合黄河流域水文特点，选择应用广泛的 VIC - 3L 模型来模拟黄河流域的水文过程。本章首先介绍水文模型以及模型输入数据，然后基于地形、气象、植被和土壤等数据构建了黄河流域水文模型，对流域进行分区参数率定，并验证模型的模拟效果，为系统分析黄河流域的径流和土壤水演变规律提供模拟平台，为后面综合干旱指数的构建提供了数据支撑。

4.1 VIC 水 文 模 型 构 建

4.1.1 模型简介

水文模型以是否考虑模型参数和水文要素的空间异质性分为集总式水文模型和分布式水文模型[178]。集总式水文模型不考虑流域下垫面的空间异质性，而是通过参数平均值法将整个流域作为一个整体，当参数的个数逐渐增加，模拟精度逐渐降低。分布式水文模型是将流域离散成若干个计算单元，并且每个单元的降水、气温、风速、土壤类型、植被覆盖、土地利用等要素各不相同，弥补了集总式水文模型在空间异质性上的不足，提高了水循环过程模拟的正确率和精确性。目前，分布式水文模型由于能够考虑水文要素的空间异质性以及水循环过程的尺度效应而逐渐取代集总式水文模型被广泛应用。如美国的 SWAT（soil and water assessment tool）模型[179]、VIC（variable infiltration capacity）模型[180]；英国的 IHDM（institute of hydrology distributed model）模型[181]；日本的 WEP（water and energy transfer process）模型[182]；欧洲的 SHE/MIKE - SHE 模型[183] 和 TOPMODEL（TOP graphy based hydrological model）模型[184]。

VIC 是基于空间分布网格化的分布式水文模型，也叫可变下渗容量模型，是以 Wood 等[171] 和 Arnell 等[185] 的思想为基础，由美国匹兹堡大学 Liang 等[186-187] 改进的广泛应用于陆—气耦合、水资源管理、气候变化对径流的影响、土壤含水量模拟以及流域径流模拟等方面的大尺度陆面水文模型。它不仅可以被运用在上万平方公里的大流域中，而且综合考虑了大气、植被、土壤之间的转化，通过空气动力学将土壤蒸发、冠层蒸发、植被蒸腾、积融雪等模拟计算出来，悉数刻画了陆面上各种水的转移过程。此外，VIC 水文模型根据一定分辨率的经纬度网格将流域划分为一定数量且相互独立的网格，然后逐网格获得水文要素数据，计算每个网格上的流量，最后经过汇流模型耦合后，转化为流域出口站点的流量，每个网格都遵循大气—水循环过程中的水量及能量平衡。VIC 模型还引入了地表径流参数，考虑了土壤非均质性对超渗产流和蓄满产流的影响，决定了该模型可在全国范围用于径流模拟。

4.1.2 模型产流机制

VIC 水文模型可以同时进行能量和水量平衡模拟，弥补了传统模型在能量模拟方面的不足。该模型进行水循环过程模拟时，以网格为单元，各个网格均遵循能量与水量平衡原则，当资料很难获取时，VIC 模型也可以单独进行水量平衡模拟。所以本书以水量平衡研究为主，能量平衡部分参考文献 [188]。

充分考虑土壤水的动态特征和变化，Liang 等[188] 将最先的 VIC 模型中的两层土壤结构（上层和下层），进一步划分出一个顶薄层而形成一个 3 层土壤结构（表层、上层和下层）来研究土壤层间能量和水量交换的模型，称为 VIC - 3L 水文模型。模型基于网格为运算单元，同一网格内可以出现 N 种地表覆盖类型，能够反映出网格内植被覆盖的空间状态。Layer 0、Layer 1 土壤能够反映土壤对降水过程的动态状况，Layer 2 土壤层表征了土壤含水量跟随季节变化而变动的状况。每个网格内不同地表植被覆盖种类的累积计算结果可得到蒸散发、地表产流及基流等水分循环量。目前，VIC 模型已经成为一种较为成熟的手段用来模拟不同流域的径流和土壤水。

4.1.2.1 蒸散发

VIC 模型在计算各网格蒸散发时考虑了不同植被的冠层蒸发量 E_c（mm）、不同植被的蒸腾作用 E_t（mm）和裸土蒸发量 E_1（mm）。网格内的总蒸发量计算公式如下：

$$\begin{cases} E = \sum_{n=1}^{N} C_n(E_{c,n} + E_{t,n}) + C_{N+1}E_1 \\ \sum_{n=1}^{N+1} C_n = 1 \end{cases} \tag{4.1}$$

式中：C_n 为第 n 种植被类型占网格的比例；C_{N+1} 为裸土的比例。

（1）冠层蒸发量。当植被冠层存在截留时，冠层蒸发达到最大值，最大冠层蒸发量 E_c^*（mm）公式如下：

$$\begin{cases} E_c^* = \beta E_p \\ \beta = \left(\dfrac{W_i}{W_{im}}\right)^{2/3} \dfrac{r_w}{r_w + r_0} \end{cases} \tag{4.2}$$

式中：E_p 为地表蒸发潜力，mm；W_i 为冠层最大截留量，mm；W_{im} 为冠层总截留量，mm；β 为冠层截留总量与冠层最大截留量的比值相关的折减系数；r_w 为空气动力学阻抗；r_0 为地表蒸发阻抗；2/3 为根据 Deardorff 确定的指数[189]。

$$W_{im} = K_L \times LAI \tag{4.3}$$

式中：LAI 为叶面积指数；K_L 为叶面积平均最大持水深度，mm，通常取值 0.2mm。

$$\begin{cases} r_w = \dfrac{1}{C_w u_n(Z_2)} \\ C_w = 1.351 \times a^2 F_w \\ a^2 = \dfrac{K^2}{\left[\ln\left(\dfrac{z_2 - z_0}{z_0}\right)\right]^2} \end{cases} \tag{4.4}$$

式中：C_w 为水分传输系数；$u_n(Z_2)$ 为 a 接近中性稳定状态时的黏滞相关系数；K 为 Von Karmn 常数，一般取值为 0.4；z_0 为粗糙程度。

当有持续降雨，且叶面积蒸发又大于降雨强度，如果截留水分不能满足大气蒸发要求，则植被冠层蒸发量计算公式如下：

$$\begin{cases} E_c = b E_c^* \\ b = \min\left(1, \dfrac{W_i + P\Delta t}{E_c^* \Delta t}\right) \end{cases} \tag{4.5}$$

式中：P 为降雨量，mm；b 为冠层截留水分完全蒸发所需时间占计算时间步长的比例；Δt 为计算时间步长，通常取 1h。

（2）蒸腾作用。植被蒸腾估算公式如下：

$$\begin{cases} E_t = \geqslant \left[1 - \left(\dfrac{W_i}{W_{im}}\right)^{2/3}\right] \dfrac{r_w}{r_w + r_0 + r_c} E_p \\ r_c = \dfrac{r_{oc} g_{sm}}{LAI} \end{cases} \tag{4.6}$$

式中：r_c 为最小叶面积气孔阻抗；g_{sm} 为土壤湿度压力系数。

（3）裸土蒸发量。裸土蒸发仅发生在土壤表层。

如果第二层土壤达到饱和含水量，则公式如下：

$$E_1 = E_p \tag{4.7}$$

如果第二层土壤未达到饱和，蒸发量 E_1 会根据裸土下渗、土壤空间异质性以及地形发生改变。则计算公式如下：

$$\begin{cases} E_1 = E_p \left\{ \int_0^{A_s} \mathrm{d}A + \int_{A_s}^1 \dfrac{i_0}{i_m \left[1-(1-A)^{1/B}\right]} \mathrm{d}A \right\} \\ i = i_m \left[1-(1-A)^{1/B}\right] \end{cases} \quad (4.8)$$

式中：i 为下渗能力；i_m 为最大下渗能力；A 为入渗能力小于 i 的面积比例；B 为可变下渗能力曲线参数。

则冠层截留的水量平衡公式如下：

$$\frac{\mathrm{d}W_i}{\mathrm{d}t} = P - E_c - P_t, 0 \leqslant W_i \leqslant W_{im} \quad (4.9)$$

式中：$\mathrm{d}W_i/\mathrm{d}t$ 为植被达到最大的截留能力；P 为降雨量，mm；E_c 为冠层蒸发量，mm；P_t 为透过冠层的降雨量，mm。

4.1.2.2　产流

（1）直接径流。

直接径流是根据新安江模型提供的土壤可变下渗能力曲线来实现的，只限于第二层土壤。第二层土壤的最大土壤含水量 $W_2^{\max}$ 为

$$W_2^{\max} = \frac{I_m}{1+B} \quad (4.10)$$

如果降水量超过土壤含水量时，裸土部分的直接径流公式如下：

$$Q_d = \begin{cases} P + W_2 + W_2^{\max} & I_1 + P \geqslant I_m \\ P + W_2 - W_2^{\max} \left[1 - \left(1 - \dfrac{I_1+P}{I_m}\right)^{1+B}\right] & I_1 + P < I_m \end{cases} \quad (4.11)$$

式中：Q_d 为地表径流量，m^3；P 为降水量，mm；W_2 为第二层土壤初始含水量，mm；$W_2^{\max}$ 为第二层土壤最大含水量，mm；I_1 为初始土壤入渗率；B 为可变下渗容量曲线参数。

则裸土部位第二层土壤的水量平衡方程如下：

$$\begin{cases} W_2^c = W_2 + (P - Q_d - Q_{23} - E_2)\Delta t \\ Q_{23} = K_s \left(\dfrac{W_2 - \theta_r}{W_2^{\max} - \theta_r}\right)^{\frac{2}{B_p}+3} \end{cases} \quad (4.12)$$

式中：W_2^c 为第二层土壤末端含水量，mm；Q_{23} 为 Δt 时段内重力作用下第二层到第三层土壤的下渗量，mm；K_s 为饱和渗透系数；θ_r 为土壤残留水分；B_p 为土壤空隙大小分布指数。

如果存在植被覆盖时，直接径流结果只需减去植被的最大截留量即可。

（2）基流。

VIC - 3L 模型中的基流由第三层土壤产生，其计算方法是根据 Arno 模型[190] 完成的。

$$
Q_b = \begin{cases} \dfrac{D_s D_m}{W_s W_3^{\max}} W_3^- \ , 0 \leqslant W_3^- \leqslant W_s W_3^{\max} \\[2mm] \dfrac{D_s D_m}{W_s W_3^{\max}} W_3^- + \left(D_m - \dfrac{D_s D_m}{W_s} \right) \\[2mm] \left(\dfrac{W_3^- - W_s W_3^{\max}}{W_3^{\max} - W_s W_3^{\max}} \right)^2 , W_3^- > W_s W_3^{\max} \end{cases} \tag{4.13}
$$

式中：Q_b 为基流量，m^3；D_m 为最大日基流量，m^3；D_s 为当基流非线性增长时，占 D_m 的比例；$W_3^{\max}$ 为第三层土壤最大含水量，mm；W_3^- 为第三层土壤初始含水量，mm；W_s 为当基流非线性增长时，占 $W_3^{\max}$ 的比例[191]。

则第三层土壤的水量平衡公式如下：

$$
W_3^c = W_3^- + (Q_{23} - Q_b - E_3) \Delta t \tag{4.14}
$$

网格内的直接径流和基流是通过面积加权平均法计算植被覆盖下垫面的直接径流和基流得到的。

4.1.2.3 土壤水

VIC - 3L 模型中各土壤层之间的水汽通量遵守 Darcy 定律，则控制土壤层湿度变化的公式如下：

$$
\begin{cases} \dfrac{\partial \theta_1}{\partial t} d_1 = P - R - E - K(\theta) \big|_{-d_1} - D(\theta) \dfrac{\partial \theta}{\partial d} \Big|_{-d_1} \\[3mm] \dfrac{\partial \theta_2}{\partial t} d_2 = P - R - E - K(\theta) \big|_{-d_2} - D(\theta) \dfrac{\partial \theta}{\partial d} \Big|_{-d_2} \\[3mm] \dfrac{\partial \theta_3}{\partial t} (d_3 - d_2) = P - R - E - K(\theta) \big|_{-d_3} - D(\theta) \dfrac{\partial \theta}{\partial d} \Big|_{-d_3} - Q_b \end{cases} \tag{4.15}
$$

式中：P 为降水量，mm；R 为地表径流，m^3；E 为蒸发量，mm；Q_b 为基流，m^3；θ 为土壤含水量，mm；d_i 为土壤深度，mm；$D(\theta)$ 为水力扩散度；$K(\theta)$ 为水力传导度。

4.1.3 模型资料准备

VIC 模型是一种大尺度分布式水文模型，综合考虑了大气—植被—土壤水之间的物理交换过程，主要驱动数据包括气象数据、DEM 数据、土壤数据以及植被数据。本书构建的 VIC 模型是以 24h 为时间步长来运算水量平衡，以网格为单位来模拟径流和土壤水。

4.1.3.1 黄河流域信息提取

VIC 模型在运行过程中需要根据流域地理地貌、大小等特点，考虑模型输入数据的分辨率，将流域划分为网格。本书以黄河流域为研究对象，面积约为79.5 万 km²，选用地理空间数据云网站提供的 DEM 数据，通过对 DEM 数据流量和流向计算，提取黄河流域水系及边界。利用 ArcGIS 软件将黄河流域划分为空间分辨率为 0.25°的 1500 个网格，对网格从上到下、从左向右进行编号，逐网格获取高程、经纬度和流向等数据。模型在产流计算过程中会依据网格编号调取相应参数。

4.1.3.2　气象驱动数据

用于 VIC 模型水量平衡计算中的气象驱动数据有降水、气温、地表风速、气压和辐射通量等数据。遇到资料匮乏的情况，也可以只将日降水、日最高气温和最低气温作为输入，其他参数可根据上述数据通过经验公式计算得到。气象驱动数据包括中国区地面气象要素驱动数据集、GLDAS 数据集和 CMADS 数据集等，气象驱动数据的精度直接决定着水文模拟的可靠性。本书针对黄河流域特点，采用国家气候信息中心提供的基于中国地面气象台站的格点化日观测数据集 CN05.1。

VIC 模型是基于网格进行产汇流计算，而气象驱动数据是 VIC 模型进行产汇流计算的关键输入因子，根据研究区的情况和现有的数据资料可以选择多个输入因子，但降水、气温和风速是必选项。选取黄河流域 1991—2014 年空间分辨率为 0.25°×0.25°的日数据，包括日最高气温、日最低气温、日降水量、日平均风速。对于缺失的数据，采用插值的方法进行补缺。

4.1.3.3　植被和土壤数据

植被数据主要包括植被种类、树冠标志、最小气孔阻抗、叶面积指数、反照率、粗糙度和植被根系分层比例等，这类参数主要反映不同植被的冠层特征，通常不需要率定，可参考马里兰大学发布的全球土地覆被数据对黄河流域 VIC-3L 模型所需要的植被覆盖类型参数进行制备，为保持植被数据的分辨率与研究区选取的 DEM 数据一致，需要借助 ArcGIS 软件对植被数据进行重采样处理后按照各个子区域截取相应的植被数据。

VIC 模型中的土壤参数用来描述土壤的次网格空间异质性。模型运行需要的参数分为四大类，即网格信息参数、土壤水力参数、土壤理化参数以及需要率定的参数。其中网格信息参数、土壤水力参数、土壤理化参数等与土壤性质相关，如饱和土壤水势 ψ_s、土壤饱和孔隙度 θ_s、土壤饱和水力传导度 K_s 等，这些参数可以根据原位取土进行土力学试验标定，也可以参考寒区旱区科学数据中心提供的分辨率为 1km 的土壤特征数据库直接确定，这类参数一旦设定即为常量。而另一部分土壤参数与流域产流关系密切，需要通过流域（或河道）实测流量进行率定，又被称为水文参数，这类参数在模型运行时需要在一定范围内进行调整，以获得最优输出结果。主要植被和土壤参数的物理意义及取值范围见表 4.1。

表 4.1　　　　　　　　　　　　植被和土壤主要参数示例

参数类型	获取途径	参数	物 理 意 义	单位	取值范围
植被参数	马里兰大学全球土地覆被数据库	r_a	边界阻抗	s/m	[25，60]
		α	反射率	—	[0.1，0.2]
		r_{min}	最小气孔阻抗	s/m	[120，250]
		LAI	叶面积指数	—	[0.05，4.8]
		z_0	粗糙长度	m	[0.01，0.8]
		d_0	零位移平面	m	[0.4，8]
土壤参数	参数率定	B	土壤蓄水容量曲线	—	[0.01，0.61]
		d_1	第一层土壤厚度	m	[0.1，0.2]
		d_2	第二层土壤厚度	m	[0.5，0.95]
		d_3	第三层土壤厚度	m	[1.44，2.1]
		D_s	基流最大流速产生的面积占网格面积比例	—	[0.04，2.86]
		D_{smax}	基流最大流速	mm/d	[10，28]
		W_s	达到土壤最大含水量的面积占网格百分比	—	[0.42，0.8]

4.2　模　型　率　定

4.2.1　模型参数率定方法

将黄河流域在空间上划分为 1500 个网格（分辨率为 0.25°×0.25°），逐网格收集气象、地理、植被和土壤等模型驱动数据，依次对每个网格运行 VIC 模型的产流模块。除了模型的驱动数据，本书还收集了黄河流域干流的 6 个主要水文观测站（唐乃亥站、兰州站、头道拐站、龙门站、三门峡站、花园口站）的流量数据，用于模型中的参数率定。本书采用经黄河水利委员会还原水量计算后的天然径流量作为水文资料，很大程度上能够排除人类活动的影响。

考虑到黄河流域面积较大，气候地形复杂多样，本书根据选取的水文站将黄河流域划分为 6 个不同子区域分别率定，如图 4.1 所示。除唐乃亥站 1 个子区域外，其他 5 个子区域均属于嵌套区域，既包括本区域自身产流又包括上游子区域来水，所以本书采用马斯京根分段连续演算法，将上游区域来水推演至下游出口断面，然后用下游出口实测流量过程减去演算流量过程，从而得到区间流量过程。

模型模拟效果的优劣取决于模型参数取值的大小，不同流域的参数取值存在差异。本研究中的 VIC 模型在模拟黄河流域时需要率定的模型参数有 7 个，

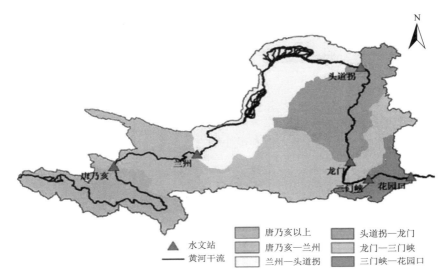

图 4.1   黄河流域分区图

包括 B、D_{smax}、D_s、W_s、d_1、d_2 和 d_3，其中 d_1 为顶薄层土壤厚度，默认为 $0.1m$ [192]。具体参数含义见表 4.2。

表 4.2   VIC 模 型 参 数

参　数	物　理　意　义	单位	取值范围
B	土壤蓄水容量曲线	—	[0.01, 0.61]
d_1	第一层土壤厚度	m	[0.1, 0.2]
d_2	第二层土壤厚度	m	[0.5, 0.95]
d_3	第三层土壤厚度	m	[1.44, 2.1]
D_s	基流最大流速产生的面积占网格面积比例	—	[0.04, 2.86]
D_{smax}	基流最大流速	mm/d	[10, 28]
W_s	达到土壤最大含水量的面积占网格百分比	—	[0.42, 0.8]

　　本书使用一种差分进化（differential evolution，DE）算法[193] 对模型参数进行率定。差分进化算法是由 Storn 等[194] 基于遗传算法提出的一种新的元启发式算法，旨在求解多目标连续变量的问题。差分进化算法和遗传算法存在共同点，就是随机生成初始种群，根据种群中每个个体的适应度按照变异、交叉和选择三个步骤确定优化方向。不同之处在于，差分进化算法变异向量由父代差分向量生成，并与父代个体向量交叉生成新的个体向量，与其父代个体直接进行选择，既能够保证个体间的差异性，又保证了种群的多样性。DE 算法的具体步骤如下。

（1）种群初始化。

假设优化问题为 M 维，X_i 为种群中各第 i 个个体：

$$X_i = \{x_{i,1}, x_{i,2}, \cdots, x_{i,M}\} \tag{4.16}$$

$$X(0) = X_{\min} + \text{rand}(1, M)(X_{\max} - X_{\min}) \tag{4.17}$$

式中：$X(0)$ 为差分算法的第 0 代种群；$\text{rand}(1, M)$ 为 NP 行 M 列的 1 到 M 之间均匀分布的随机数，NP 为种群规模；M 为目标函数中未知数的个数；$X_{\max}$ 和 $X_{\min}$ 分别为个体的最大值和最小值。

（2）变异。

变异策略的思想是从种群中随机选取三个不同个体 $X_{p1}(g)$、$X_{p2}(g)$、$X_{p3}(g)$，让其向量差与要变异的个体作向量合成运算。则生成的变异向量为

$$H_i(g) = X_{p1}(g) + F[X_{p2}(g) - X_{p3}(g)] \tag{4.18}$$

式中：$X_{p1}(g)$、$X_{p2}(g)$、$X_{p3}(g)$ 分别为第 g 代的第 p_1、p_2、p_3 个个体；F 为变异因子，为常数，一般在 $[0, 2]$ 选择；$\Delta_{p2,p3}(g) = X_{p2}(g) - X_{p3}(g)$ 为差分向量。

接下来是参数的自适应调整，也就是将变异算子中随机选择的三个个体进行优劣排序，得到 X_b、X_m、X_w，对应的适应度为 f_b、f_m、f_w，则变异算子为

$$V_i = X_b + F_i(X_m - X_w) \tag{4.19}$$

$$F_i = F_l + (F_u - F_l)\frac{f_m - f_b}{f_w - f_b} \tag{4.20}$$

式中：V_i 为经过变异操作后得到的个体；F_i 为第 i 个个体的变异因子。

在算法开始时自适应变异算子 F_i 具有最大值，在迭代初期保持个体多样性，避免陷入局部最优的情况，到后期变异率接近 F_l，有助于保留优良信息，增加搜索到全局最优解的概率。

（3）交叉。

交叉操作可以增加种群的多样性，选择方式如下：

$$V_{i,j} = \begin{cases} h_{i,j}(g), & \text{rand}(0,1) \leqslant cr \\ x_{i,j}(g), & \text{else} \end{cases} \tag{4.21}$$

式中：$V_{i,j}$ 为交叉操作后得到的个体；$h_{i,j}(g)$ 为经过变异操作后得到的第 g 代的第 i 个个体上的第 j 维；$x_{i,j}(g)$ 为经过变异操作后得到的第 g 代的第 i 个个体上的第 j 维；$\text{rand}(0, 1)$ 为在 $(0, 1)$ 内服从均匀分布的随机数；cr 为交叉因子，取值范围为 $(0, 1)$。

（4）选择。

通过对比初始个体与交叉个体的适应度大小，通过优胜劣汰的竞争法则，适应度较小的个体进入下一代种群中继续繁衍，使种群向最优解的方向进化，

选择方式如下：

$$X_i(g+1) = \begin{cases} V_i(g), f[V_i(g)] < f[X_i(g)] \\ X_i(g), else \end{cases} \quad (4.22)$$

式中：$X_i(g+1)$ 为经过选择操作后得到的个体；$V_i(g)$ 为经过交叉操作后得到的第 g 代的第 i 个个体；f 为适应度函数。

为了更好地评估模型的模拟效果，本书采用相关系数（R）、纳什效率系数（$NSCE$）和相对误差（RE）评价模型的模拟精度。

R 表示模拟值与实际值之间的吻合程度，值越趋近于 1，表示模拟结果与实际结果拟合度越好。公式如下：

$$R = \frac{\sum\limits_{i=1}^{n}(Q_{0,i} - \overline{Q_0})(Q_{s,i} - \overline{Q_s})}{\sqrt{\sum\limits_{i=1}^{n}(Q_{0,i} - \overline{Q_0})^2 (Q_{s,i} - \overline{Q_s})^2}} \quad (4.23)$$

式中：Q_0 和 $\overline{Q_0}$ 分别为观测径流值和观测平均值；Q_s 和 $\overline{Q_s}$ 分别为模拟径流值和模拟平均值；i 为时间序列；n 为时间序列长度。

$NSCE$ 用来反映模型的总体效率，值越趋近于 1，模拟效率越好，说明模拟结果越符合实际状况。公式如下：

$$NSCE = 1 - \frac{\sum\limits_{i=1}^{n}[Q_0(i) - Q_s(i)]^2}{\sum\limits_{i=1}^{n}[Q_0(i) - \overline{Q_0}]^2} \quad (4.24)$$

RE 反映了模拟值偏离实际值的程度，单位为百分比，一般来说相对误差的绝对值越小，模拟效果越好。当 $RE > 0$ 时，表示模拟结果较实际结果偏大；反之，当 $RE \leqslant 0$ 时，则表示模拟结果较实际结果偏小。公式如下：

$$RE = \frac{\sum\limits_{i=1}^{n}Q_s(i) - Q_0(i)}{\sum\limits_{i=1}^{n}Q_0(i)} \times 100\% \quad (4.25)$$

本书在对模型适用性评价中认为，当评价指标同时满足 $R > 0.8$，$NSCE > 0.7$，并且相对误差 $|RE| < 10\%$ 时，说明所构建的模型在研究区具有良好的适用性，能够较好地模拟流域水文过程。

4.2.2 模拟时段

VIC 模型进行参数率定时，为了消除人为因素对变量的影响，在选择模拟时段时需要有一个预热期，为了检验对研究区的适用性，率定期后需要进行模型检验。为了保证模型能更好地模拟近十年的气候变化状况，为准确模拟未来气候情景下的水文条件奠定基础，本书的模拟时段为 1986—2010 年。将 1986—1990 年作为预热期，作为研究区一个适应的初始状态；将 1991—2005 年作为率定期，对相关参数进行率定；将 2006—2010 年作为模型验证期，对模型的模拟效果进行验证。

4.3 模拟结果分析

为了保证模型能更好地模拟近十年的气候变化状况，为准确模拟未来气候情景下的水文条件奠定基础，本书选择 1986—2010 年的时间序列进行建模。选取 1991—2005 年为模型率定期，2006—2010 年为模型验证期，分别对唐乃亥站、兰州站、头道拐站、龙门站、三门峡站、花园口站 6 个水文站月径流数据进行率定。VIC 模型率定期和验证期对 6 个水文站月径流的模拟效果见表 4.3。可以看出，所有站点在率定期和验证期的 R 均达到 0.9 以上，说明实测径流和模拟径流相关性较好。6 个水文站率定期和验证期的 $NSCE$ 均超过 0.8，率定期分别为 0.88、0.9、0.89、0.87、0.84、0.86，验证期分别为 0.86、0.88、0.87、0.85、0.81、0.85，说明模拟径流过程总体吻合程度较好。其中，兰州站率定期和验证期的 $NSCE$ 均达到最高值，分别为 0.9 和 0.88。同时，各站点率定期 $NSCE$ 普遍高于验证期，可能是受气候变化影响使得率定期与验证期时段的径流有一定的不同，而受到径流随机性的影响在时间尺度上的扩散性又符合客观环境中热力学第二定律（熵增原理）。多年平均 RE 也均控制在 ±10％ 以内，其中率定期的唐乃亥站和验证期的三门峡站 RE 均大于 0，说明模拟结果比实际结果大；其他各站的 RE 均小于 0，说明模拟结果整体小于实际结果。综上所述，总体模拟效果较好，达到模拟精度要求。

表 4.3 各子流域率定期及验证期月径流模拟效果

水文测站	模型率定期 1991—2005 年			模型验证期 2006—2010 年		
	$NSCE$	$RE/\%$	R	$NSCE$	$RE/\%$	R
唐乃亥站	0.88	3.2	0.93	0.86	−5.0	0.92
兰州站	0.9	−2.6	0.95	0.88	−7.3	0.93
头道拐站	0.89	−1.9	0.94	0.87	−5.2	0.92
龙门站	0.87	−3.9	0.94	0.85	−0.9	0.91
三门峡站	0.84	−2.8	0.92	0.81	0.06	0.90
花园口站	0.86	−3.7	0.93	0.85	−5.2	0.92

从表 4.3 可以看出，兰州站比唐乃亥站模型模拟效果好，是因为黄河流域源头地形复杂且气象站点偏少，导致模型输入的降水数据或模拟蒸发数据偏

小（或偏大），造成了模拟径流较实际情况存在偏差，影响了模型的模拟效果。随着唐乃亥—兰州子流域的高精度的气象资料逐渐增多，输入的原始资料及蒸发模拟过程偏差逐渐降低，模拟效果提高。而兰州站以下子流域 NSCE 有所降低，可能是因为各模拟子流域面积偏大，且地形地貌条件复杂多变，产流、汇流条件差异性显著，使得对实际产汇流情况的模拟效果有所降低。

　　虽然 VIC 模型存在一定的模拟误差，但对黄河流域的径流过程模拟效果整体上较好。造成模拟误差的原因可能是因为地形地貌复杂和积融雪的影响使该流域的径流过程不易模拟；其次可能是因为气象站点稀疏，降水时空分布不均，径流受气象因素影响较大；流域情况复杂以及人类活动频繁在一定程度上也会导致流域的还原径流存在一定程度的误差。

　　6 个水文站的月径流实测与模拟过程的匹配程度如图 4.2 所示。由图可知，6 个水文站的月径流模拟过程与实测过程吻合程度较高，模拟结果能够较为准确地捕捉到径流的洪峰、基流量、过程线以及年内变化等特征，满足模拟精度要求。但四季径流过程差异显著，春季和冬季的径流过程模拟结果与天然径流过程较为接近，夏、秋季节模拟结果相对于天然径流整体偏大，这可能是因为水利枢纽对径流季节性的调节，削弱丰水季节流量，进而影响了流域的径流。需

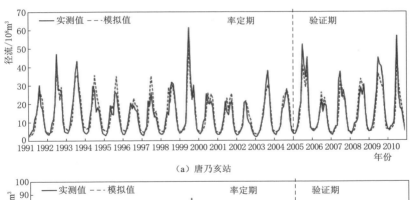

（a）唐乃亥站

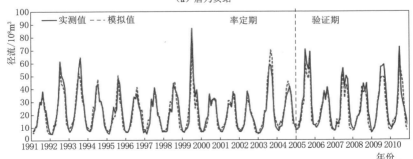

（b）兰州站

图 4.2（一）　各控制水文站率定期及验证期月径流模拟效果

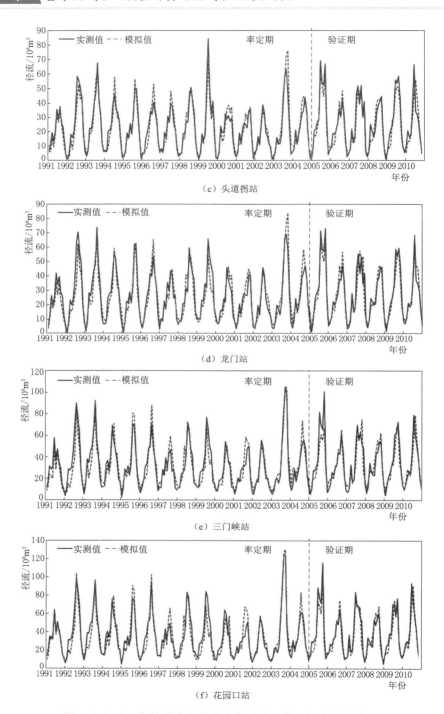

（c）头道拐站

（d）龙门站

（e）三门峡站

（f）花园口站

图 4.2（二）　各控制水文站率定期及验证期月径流模拟效果

要注意的是，在一些站点的峰值月份模拟效果超出实测值较多，误差较大，模拟效果较差。出现这种现象的可能原因是建模输入数据库过程中，气象站用到的插值数据使得气象序列不能代表全部的实际情况，径流模拟出现偏差；另外可能原因是 VIC 模型本身结构复杂，在对水文过程进行数学描述时对其进行了概化，造成模型在执行物理模拟时产生不确定性，导致模拟结果和实际结果存在一定的偏差。

另外，人类活动对流域水循环以及干旱过程有着不可忽视的作用，尤其在水资源匮乏的地区。VIC 模型关于干旱的研究在一定程度上考虑了人类活动的影响，但是人类活动形式复杂且多样，观测资料通常缺乏全面性，如何精确地评估人类活动对流域水文过程的影响仍是目前水文研究迫切需要解决的问题之一。因此，本书研究重点仅从干旱基础理论层面探讨干旱的时空特征及演变规律，不考虑人类活动对干旱过程的影响。从模型率定期和验证期各水文站的模拟效果来看，基于黄河流域构建的 VIC 模型能够较好地模拟陆面水文过程对气象要素的响应，为后面综合干旱指数的构建提供了数据支撑。

4.4　气候情景下流域水文过程预测

4.4.1　改进的 Mann‐Kendall（MMK）检验方法

Mann‐Kendall（MK）趋势检验是一种非参数趋势检验方法，广泛应用于降水、气温和径流等气象水文要素时间序列的趋势研究。但 MK 趋势检验法存在一个明显的缺点，即假设时间序列保持随机性和独立性，而水文气象要素的时间序列实际上会存在自相关性，从而容易影响到检验结果的可靠性[195]。为了消除时间序列自相关性带来的影响，Hamed 等[196] 提出了改进的 MK 检验法，即 MMK 检验法，该方法在水文气象研究中得到了广泛应用[197]。本书采用MMK 法来预测黄河流域水文过程变化趋势的时间特征以及空间分布特征。MMK 方法的详细计算步骤如下：

（1）假设时间序列 $X = x_1, x_2, \cdots, x_n$，将 X 序列中的每一个数据分别除以该序列的平均值，得到一组新的时间序列 X_t，然后计算 X_t 序列的秩次趋势估计值 β：

$$\beta = \mathrm{median}\left(\frac{x_i - x_j}{i - j}\right), \ 1 \leqslant i \leqslant j \leqslant n \qquad (4.26)$$

式中：当 $\beta > 0$ 时，时间序列呈上升趋势；当 $\beta < 0$ 时，时间序列呈下降趋势。

（2）假设时间序列 X_t 的趋势项为线性 T_t，去除时间序列内的线性 T_t，可得到相应的平稳序列 Y_t：

$$Y_t = X_t - T_t = X_t - \beta t \tag{4.27}$$

（3）计算平稳序列 Y_t 相应的秩次序列，并计算其自相关系数 r_i：

$$r_i = \frac{\sum\limits_{k=1}^{n-i}(R_k - R')(R_{k+1} - R')}{\sum\limits_{k=1}^{n}(R_k - R')^2} \tag{4.28}$$

式中：R_i 为 y_i 的秩次；R' 为秩次的平均值。

（4）自相关序列的趋势统计量 S 的方差 var（S）可依据自相关系数 r_i 求得

$$\eta = 1 + \frac{2}{n(n-1)(n-2)}\sum\limits_{i=1}^{n-1}(n-1)(n-i-1)(n-i-2)r_i \tag{4.29}$$

$$\mathrm{var}(S) = \eta\frac{n(n-1)(2n+5)}{18} \tag{4.30}$$

（5）变化趋势的显著性可通过时间序列趋势 Z 值来表征，则当 MMK 统计量 $S>0$，$S=0$，$S<0$ 时的表达式分别为

$$Z = \begin{cases} \dfrac{S-1}{\sqrt{\mathrm{var}(S)}}, & S>0 \\[2mm] 0, & S=0 \\[2mm] \dfrac{S+1}{\sqrt{\mathrm{var}(S)}}, & S<0 \end{cases} \tag{4.31}$$

当 $Z>0$ 时，表示时间序列呈上升趋势；当 $Z<0$ 时，表示时间序列呈下降趋势，且当 $|Z|$ 分别大于 1.64、1.96 和 2.58 时，表示时间序列的变化趋势分别通过 $p=0.1$、$p=0.05$ 和 $p=0.01$ 的显著性检验。

4.4.2　结果分析

采用 CMIP6 气象数据驱动 VIC 模型，模拟了未来情景下的径流和土壤水，探究径流和土壤水的变化趋势。黄河流域花园口站 SSP245、SSP585 两种气候情景下未来径流量的波动趋势如图 4.3 所示。未来初期（2021—2040 年）和未来中期（2041—2070 年），SSP245 情景下花园口站径流均表现出下降的趋势，但下降速率不同，2021—2040 年径流下降速度为 31.1mm/10a，波动幅度较大，2041—2070 年径流下降趋势有所减缓，下降速率为 19.0mm/10a。SSP585 情景下花园口站径流呈现先下降后上升的趋势，2021—2040 年径流呈下降趋势，比 SSP245 情景的下降趋势较为平缓，以每 10a 降低 7.9mm 的速度下降，2041—2070 年呈现上升趋势，以每 10a 增加 13.6mm 的速度上升。两种情景下，

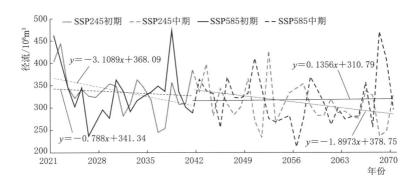

图 4.3　不同情景下花园口年平均径流时间变化特征

2021—2040 年径流量波动幅度基本一致，均呈下降的趋势，且 SSP245 情景下的波动幅度大于 SSP585 情景下的；而 2041—2070 年径流量的变幅不同，SSP245 情景呈下降趋势，SSP585 情景呈上升趋势。结合降雨和水文模型关系，影响未来径流模拟的原因可能是未来降雨频率缩小而强度增大，使得流量过程的洪水次数减少，洪峰单一，导致未来径流量减少；也有可能是模型预报洪峰产生误差，枯水偏枯或者洪峰上不去从而导致径流量和实际流量存在偏差。

　　SSPs 情景下不同时间段花园口站年均径流变化特征见表 4.4。从表中可看出两种气候情景下未来不同时段花园口站径流量相对于基准期均减少。未来初期径流量分别减少 14.6%、13.8%，未来中期径流量分别减少了 19.8%、18.8%，相对于未来初期有一个下降过程。SSP245 情景下径流量下降最为显著，未来径流量减少比例最高。

表 4.4　　　　　　**SSPs 情景下不同时段花园口站年均径流变化特征**

情景	基准期 （1991—2010 年） 径流量/10^8m^3	未来各时段径流量变化比例/%		
		未来初期 （2021—2040 年）	未来中期 （2041—2070 年）	未来时段 （2021—2070 年）
SSP245	388	−14.6	−19.8	−17.7
SSP585	388	−13.8	−18.8	−16.7

　　SSPs 两种情景下花园口站月均径流相对于基准时期（1991—2010 年）月均径流的对比图如图 4.4 所示。由图可知，SSP245、SSP585 情景下各个时期径流量均低于基准期径流量。气象要素可能会影响黄河流域径流量的变化，由图 3.13、图 3.20 以及图 3.25 可知，未来降水、未来最高和最低气温均呈增加的趋

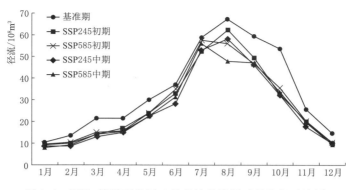

图 4.4　SSPs 情景下花园口站月均径流相对基准年对比图

势，且温度增加的幅度高于降水增加的幅度，气温上升，蒸发增大，耗水量增加，致使水分流失大于供给，从而可能导致未来径流量减少；也有可能是因为未来降雨频次减少但强度增大，洪水频次减少，洪峰单一，使得未来径流量减少。同时可以看出，SSP245 情景下的径流量最大月份与基准期相同均在 8 月，SSP585 情景下未来时段的径流量高峰发生了转移，集中在 7 月，这说明在 SSP585 情景下年内 7 月洪水事件发生的概率将会增大，而 SSP585 中期 8 月的径流量明显低于基准期的径流量，这有可能是因为人类活动的干扰导致径流量发生突变。此外，相同情景下未来中期的月径流量均小于未来初期的径流量，意味着到 21 世纪中期径流量将会进一步减少。

　　SSPs 情景下黄河流域年均径流深和土壤水变化趋势的空间分布特征如图 4.5 所示。由图可知，SSP245 情景下径流深呈下降趋势的区域主要集中在青海、四川、甘肃、宁夏以及内蒙古北部地区，面积占黄河流域面积的 63.99％，其中通过 $p=0.05$ 显著性水平的面积占比为 13.66％，集中在青海东部以及甘肃西南部地区，通过 $p=0.01$ 显著性水平的面积占比为 23.06％，主要集中在青海西南部地区；同情景下径流深呈上升趋势的区域主要集中在内蒙古南部、陕西、山西以及河南地区，面积占黄河流域面积的 36.01％，其中通过 $p=0.1$ 和 $p=0.05$ 显著性水平的面积占比分别为 6.24％和 3.34％，主要集中在山西中部地区。SSP585 情景下径流深在青海和甘肃的大部以及陕西南部地区表现出不显著下降趋势，面积占黄河流域面积的 41.14％，面积占比仅为 1.95％的区域达到 $p=0.01$ 显著性水平；同情景下径流深呈不显著上升趋势的面积占比为 58.86％，主要分布在宁夏、内蒙古、陕西北部、山西以及河南地区。

　　SSP245 情景下土壤水占黄河流域面积 73.86％的地区呈下降趋势，其中通过 $p=0.05$ 显著性水平的面积占比为 22.15％，主要分布在甘肃以及

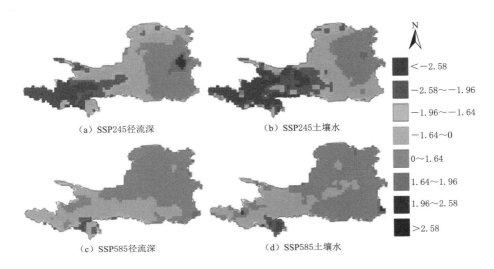

（a）SSP245径流深　　　　　　　　（b）SSP245土壤水

（c）SSP585径流深　　　　　　　　（d）SSP585土壤水

图4.5　SSPs情景下黄河流域年均径流深和土壤水变化趋势的空间分布特征

宁夏南部地区；通过 $p=0.01$ 显著性水平的面积占比为25.30%，主要集中在青海和甘肃小部地区。内蒙古东南地区、陕西东北地区以及山西大部分地区呈不显著上升趋势，面积占比26.14%。SSP585情景下占流域面积34.40%的区域土壤水呈下降趋势，其中通过 $p=0.05$、$p=0.01$ 显著性水平的面积占比分别为5.83%、2.56%，均分布在四川和甘肃南部地区。同情景下土壤水呈上升趋势的面积占黄河流域面积的65.60%，绝大部分呈不显著上升。随着SSPs的增大，未来土壤水呈上升趋势的面积有所增加。

　　综上所述，随着排放情景的增大，黄河流域径流深和土壤水呈上升趋势的面积均有所增加，且由西向东递增，其时空变化格局与降水、气温基本一致。

　　SSPs情景下黄河流域多年月均径流深和土壤水 MMK 趋势检验结果如图4.6所示。SSP245情景下冬季径流深度呈上升趋势，夏季径流深度呈下降趋势，其中径流深在1月和2月有25%~30%的网格呈显著上升趋势，8月有35%的网格呈显著下降趋势。同情景下的土壤水仅在8月有30%的面积呈显著下降趋势，其余月份均没有通过显著性检验。SSP585情景下径流深在7月、8月和10月呈下降趋势，8月有25%的网格呈显著下降趋势；其余月份均呈上升趋势，1月、2月、4月、11月和12月呈显著上升趋势，且1月和12月的径流深通过显著性检验的网格超过50%。同情景下的土壤水仅8月份有30%的网格呈显著下降，其余月份均没有通过显著性检验。

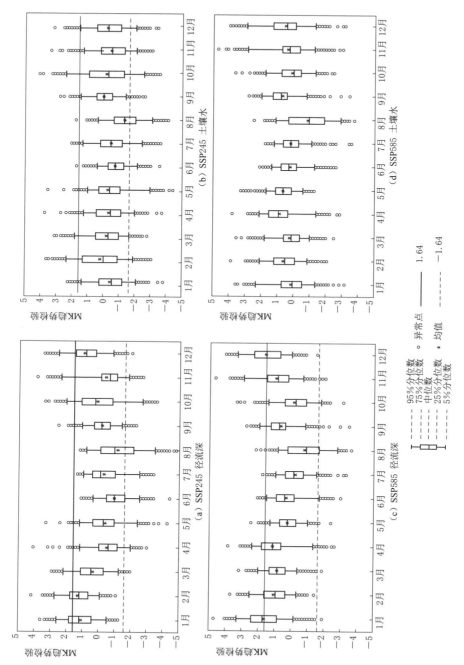

图 4.6 SSPs 情景下黄河流域多年月均径流深和土壤水 MMK 趋势检验结果

4.5 本 章 小 结

本章基于气象水文资料、DEM、植被以及土壤数据构建了黄河流域空间分辨率为 $0.25°×0.25°$，时间步长为 24 小时的 VIC 水文模型，将黄河流域分 6 个子区域采用差分进化算法分别进行参数率定，并选取唐乃亥、兰州、头道拐、龙门、三门峡、花园口 6 个水文站进行验证，其中 1991—2005 年为率定期，2006—2010 年为验证期，采用纳什效率系数 NSCE 和相对误差 RE 来评估 VIC 模型对黄河流域实测流量过程以及水量偏差的模拟精度。然后以 CMIP6 数据为输入要素，模拟未来情景下的径流和土壤水，以花园口站为例对未来情景下径流和土壤水进行预测分析。得到以下主要结论：

（1）VIC 模型对黄河流域各控制水文站径流过程的模拟均取得了良好的模拟效果。所有水文控制站点率定期的相关系数均达到 0.9 以上，纳什系数均超过 0.8，多年平均相对误差均控制在 ±10% 以内。其中兰州站模拟效果最好，率定期和验证期的纳什系数均为同类最高值，分别达到 0.9 和 0.88。总体来看，本章所构建的黄河流域 VIC 水文模型能够较好地模拟天然条件下的水文循环过程，模拟精度较高，可用于后续的干旱研究。

（2）各水文站模拟结果显示率定期和验证期月径流过程与实测月径流过程较为吻合，模拟结果能够较好地捕捉到径流的洪峰、过程线以及年内变化等特征，满足模拟精度要求。而各季节的径流过程存在差异，春、冬季节的模拟结果接近于天然径流，夏、秋季模拟结果相对于天然径流整体偏大，这可能是因为水利枢纽对径流季节性的调节，削弱丰水季节流量，进而影响了流域的径流。

（3）SSP245 和 SSP585 情景下花园口站年均径流量均小于基准期径流量。未来中期月均径流量小于未来初期，且 SSP245 情景下的月均径流量最大在 8 月，SSP585 情景下径流量高峰提前至 7 月。未来时期黄河流域径流深和土壤水在空间上自西向东由下降趋势转变为上升趋势，且随着排放情景的增加，呈上升趋势的面积均有所增加。

基于综合干旱指数的黄河流域干旱时空演变特征

全球气候变化背景下，干旱诱发因素愈加复杂，单一类型的干旱指数难以全面客观描述复杂的干旱状况。本书针对单一类型干旱指数在分析干旱特征存在的弊端，基于降水、考虑 CO_2 的潜在蒸散发、土壤水和径流等多个气象水文要素，采用联合概率方法，构建综合干旱指数 MSDI_CO$_2$，并对其适用性进行对比验证，然后以该指数作为衡量黄河流域干旱严重程度的量化指标，分析黄河流域 1991—2014 年干旱时空分布特征。最后，基于 NDVI 和 MSDI_CO$_2$ 指数间的相关性和交叉小波分析方法揭示综合干旱指数对黄河流域植被的影响效应。

5.1 研 究 方 法

5.1.1 综合干旱指数 MSDI_CO$_2$ 构建

本书基于 Copula 函数联合降水、蒸发、土壤水和径流等要素构建综合干旱指数 MSDI_CO$_2$，具体过程包括以下三个步骤：

（1）确定降水、蒸发、土壤水以及径流等变量的边缘分布。

本书对降水（P）、径流（R）、土壤水（SM）、考虑 CO_2 的蒸散发（PET_CO$_2$）等四个变量进行联合构建综合干旱指数 MSDI_CO$_2$，计算联合概率之前需要确定各变量的最优边缘概率分布。其中，PET_CO$_2$[198] 的计算公式如下：

$$PET\_CO_2 = \frac{0.408\Delta (R_n - G) + r \dfrac{900}{T^a + 273} u_2 (e_s - e_a)}{\Delta + \gamma \{1 + u_2 [0.34 + 2.4 \times 10^{-4} (CO_2 - 300)]\}} \tag{5.1}$$

式中：Δ 为饱和水气压-温度曲线斜率，kPa/℃；R_n 为地表净辐射，MJ/(m^2·d)；G 为土壤热通量；γ 为湿度计常数，kPa/℃；T^a 为 2m 处大气温度，℃；u_2 为 2m 处风速，m/s；e_s 为饱和水气压，kPa；e_a 为实际水汽压，kPa；CO_2 为大气中的二氧化碳浓度值，ppm。

考虑到黄河流域有 1500 个网格，运算耗时巨大，所以本书中 P、R、SM、PET_CO$_2$ 各单变量边缘分布参考刘懿[199] 关于黄河流域干旱研究结果来确定，降水、径流以及蒸散发的边缘分布均为广义极值分布（Gev），土壤水的边缘分布为逻辑分布（Logis），基于上述各变量的最优边缘概率分布计算其累积概率。

（2）基于 Copula 函数构建降水、考虑 CO$_2$ 的蒸散发、土壤水以及径流的联合分布函数，计算联合累积概率。

Copula 函数可以对任意类型的边缘分布进行联合，联合后的变量信息在转换过程中均包含在边缘分布里，不会产生信息失真，可以解决多个变量之间复杂的非线性关系。Copula 函数包括参数 Copula 和经验 Copula。参数 Copulas 函数族较多，根据反映变量相关结构的不同，总体上分为四大类：阿基米德（Archimedean）Copula、椭圆（Elliptical）Copula、极值（Extreme Value）Copula 和不同类型的 Copula 混合，其中 Clayton Copula、Gumbel Copula、Frank Copula 是阿基米德 Copula 函数中应用较为广泛的。经验 Copula 函数可用来推求多变量联合累积概率的经验估计值，是一种秩相关关系的非参数表达，能较为全面地考虑不同维度特征，充分融合多维变量信息。

综合干旱指数 MSDI_CO$_2$ 融合的变量维度较多，考虑到参数 Copula 函数结构复杂，计算过程耗时，尤其是涉及高维度时，对变量间的相关性结构具有更加严格的要求，而经验 Copula 函数计算过程相对简单，针对样本容量较大的变量组合，经验 Copula 函数比参数 Copula 函数更为高效，较适合解决实际问题。因此，本章拟采用经验 Copula 函数计算各变量的联合累积概率。

对于 n 维连续随机变量 $X = [X_1, X_2, \cdots, X_n]$，其经验 Copula 函数表达如下：

$$C_n\left(\frac{k_1}{n}, \frac{k_2}{n}, \cdots, \frac{k_d}{n}\right) = \frac{a}{n} \tag{5.2}$$

式中：a 为样本 $[X_1, X_2, \cdots, X_n]$ 中满足 $X_1 \leqslant X_{1(k_1)}, \cdots, X_d \leqslant X_{d(kd)}$ 条件的个数；$X_{1(k_1)}, X_{2(k_2)}, \cdots, X_{d(kd)}$ 为样本 $[X_1, X_2, \cdots, X_n]$ 的秩统计量。

假设 X、Y、Z、K 分别代表 P、R、SM、PET_CO$_2$，对应的单变量累积概率分布函数分别为 $F(x)$、$F(y)$、$F(z)$、$F(k)$，则它们的联合分布可表示为

$$P(X \leqslant x, Y \leqslant y, Z \leqslant z, K \leqslant k) = C[F(x), F(y), F(z), F(k)] = p \tag{5.3}$$

式中：p 为变量 X、Y、Z、K 的联合概率分布；C 为 Copula 函数。

（3）标准正态化转换，计算综合干旱指数 MSDI_CO$_2$。

按照标准化指数的等概率转换方法，将联合概率 p 等概率转化为服从标准正态分布的多变量综合干旱指数 MSDI_CO$_2$，计算公式如下：

$$MSDI\_CO_2 = \alpha^- \ (p) \tag{5.4}$$

式中：α 为标准正态分布函数。

标准化指数等概率转换如图 5.1 所示。图中灰色曲线代表经验 Copula 函数的累积概率曲线，黑色曲线代表标准正态分布的累积概率曲线。通过一一对应的方式将经验 Copula 函数的累积概率，转换成标准正态分布的累积概率，然后分别找出不同累积概率对应的横坐标指数值。

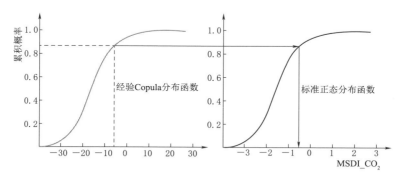

图 5.1 标准化指数等概率转换

$MSDI\_CO_2$ 与 SPI 指数均是经过标准化处理后得到的，反映了当年干旱偏离正常年份的程度。因此，$MSDI\_CO_2$ 拥有与 SPI 指数相同的等级标准，等级划分见表 5.1，$MSDI\_CO_2$ 值大于或等于 0，表示水分状况丰盈或正常；$MSDI\_CO_2$ 值小于 0 表示潜在的干旱状态。

表 5.1　　　　　　　　　　$MSDI\_CO_2$ 指数等级划分表

干旱等级	$MSDI\_CO_2$ 值	干旱等级	$MSDI\_CO_2$ 值
极端干旱	$MSDI\_CO_2 \leqslant -2$	轻微干旱	$-1 < MSDI\_CO_2 \leqslant 0$
严重干旱	$-2 < MSDI\_CO_2 \leqslant -1.5$	没有干旱	$0 < MSDI\_CO_2$
中等干旱	$-1.5 < MSDI\_CO_2 \leqslant -1$		

5.1.2　极点对称模态分解方法（ESMD）

ESMD 法是 Hilbert - Huang 变换的最新发展，于 2013 年由 Wang 等[200]合作研发，可用于信息科学、大气科学等领域。它借鉴 EMD（empirical mode decomposition）的思想，运用最小二乘法对最后剩余模态进行优化，使其成为整个数据的"自适应全局均线"，从而确定最佳筛选次数，能够有效解决 EMD 法应用中存在的"模态混叠"问题。ESMD 是一种数据驱动的自适应非线性时变信号分解方法，适合于非线性、非平稳时间序列的分析。该方法是目前提取时间序列变化趋势与周期的最新方法之一，经过分解，原始时间序列可由一系列 IMF 分量和一个趋势项组成[201]，可以更为直观地体现各模态的振幅与频率的时变性。ESMD 分解方法具体操作步骤如下[202]：

（1）找出时间序列 X 的所有极大值点和极小值点，记为 $F_i(1 \leqslant i \leqslant n)$。

（2）用线段连接所有相邻的 F_i，中点记为 $E_i(1 \leqslant i \leqslant n-1)$，并对其左右两端添补边界中点 E_0 和 E_n。

（3）通过 $n+1$ 个中点构建 S 条插值曲线 L_1，…，L_S（$S \geqslant 1$），并计算其平均值 $L^* = (L_1 + \cdots + L_S)/S$。

（4）对 $X-L^*$ 序列重复上述三个步骤，直至筛选次数达到预先设定的最大值或 $|L^*| \leqslant \varepsilon$（$\varepsilon$ 是允许误差），得到第一个 IMF 分量 M_1。

（5）对剩余序列 $X-M_1$ 重复上述四个步骤，直到剩余序列 R 不再大于预先给定的极值点或为单一信号，从而得到不同 IMF 分量 M_2，M_3，…。

（6）在限定区间 $[G_{\min}, G_{\max}]$ 内改变 G 值，重复上述 5 个步骤。通过计算序列 $X-R$ 的方差 σ^2，绘制 σ/σ_0 和 G 的对比图（σ_0 是 X 的标准差），找出图中 σ/σ_0 最小值对应的 G_0，以 G_0 作为限制条件再次重复上述 5 个步骤，最后剩余项 R 就是序列 Y 的自适应全局均线，亦即残差项。

最终，原始时间序列 X 经过 ESMD 法分解成一系列 IMF 和一个残差项 R。

5.1.3　干旱评估指标

为了更好地反映较大范围区域干旱发生的程度，本书从干旱发生频率、干旱发生范围和干旱发生强度等三个方面评价黄河流域干旱变化特征[203]。

（1）干旱发生频率（P_i）：研究区干旱发生的频繁程度。计算公式如下：

$$P_i = \frac{n}{N} \times 100\% \qquad (5.5)$$

式中：P_i 为干旱发生频率；n 为发生干旱的总年数；N 为研究时段的总年数。

（2）干旱发生范围（P_j）：研究区干旱发生范围的大小。计算公式如下：

$$P_j = \frac{m}{M} \times 100\% \qquad (5.6)$$

式中：P_j 为干旱发生范围；m 为发生干旱的总栅格数；M 为黄河流域的总栅格数。干旱发生范围指标见表 5.2。

表 5.2　干旱发生范围指标

等级	无明显干旱	局域性干旱	部分区域性干旱	区域性干旱	全域性干旱
P_j 值	$P_j < 10\%$	$10\% \leqslant P_j < 25\%$	$25\% \leqslant P_j < 33\%$	$33\% \leqslant P_j < 50\%$	$P_j \geqslant 50\%$

（3）干旱发生强度（I）：研究区干旱发生的严重程度，$MSDI\_CO_2$ 绝对值越大，说明旱情越重。计算公式如下：

$$I = \frac{1}{n} \sum_{i=1}^{n} |MSDI\_CO_2| \qquad (5.7)$$

式中：I 为干旱发生强度；n 为发生干旱的次数；$|MSDI\_CO_2|$ 为发生干旱时 $MSDI\_CO_2$ 的绝对值。干旱发生强度划分标准见表 5.3。

表 5.3　　　　　　　　　　　　干 旱 发 生 强 度 等 级

等级	不明显	轻旱	中旱	重旱	特旱
I 值	$I<0.5$	$0.5{\leqslant}I<1$	$1{\leqslant}I<1.5$	$1.5{\leqslant}I<2$	$I{\geqslant}2$

5.1.4　干旱对植被的影响效应

地表植被覆盖有益于减少风蚀，阻碍沙尘暴的发生以及大范围的发展，对生态系统至关重要[204]。干旱影响着植被的正常生长，持续的干旱对植被造成严重影响甚至使其退化。为了解综合干旱对植被的影响，本书采用 Pearson 相关系数和交叉小波分析方法探讨干旱指数 $MSDI\_CO_2$ 和归一化植被指数 NDVI 之间的相关关系，揭示干旱事件对植被的影响程度，旨在为黄河流域生态环境管理提供参考依据。

（1）综合干旱对植被的累积效应。

通过计算月尺度 NDVI 值和 1～12 个月时间尺度的综合干旱指数 $MSDI\_CO_2$ 之间的 Pearson 相关系数来评价综合干旱对植被的累积影响，相关系数最大值对应的月尺度被认为是干旱对植被的累积效应。据此可以得到干旱对植被累积效应的两个重要指标——累积时间间隔和对应的相关关系。计算公式如下：

$$r_i = corr(NDVI, MSDI\_CO_{2i}) \tag{5.8}$$

$$r_{max-cum} = \max_{1{\leqslant}i{\leqslant}12}(r_i) \tag{5.9}$$

式中：r_i 为 NDVI 和 $MSDI\_CO_2$ 之间的 Pearson 相关系数；i 为 1～12 个月的累积时间尺度；$r_{max-cum}$ 为 r_i 的最大值。

（2）综合干旱对植被的时滞效应。

同样地，利用 Pearson 相关系数来反映综合干旱对植被的时滞效应，但这里不是用 1～12 个月时间尺度综合干旱指数 $MSDI\_CO_2$ 的累积值，只用 1 个月尺度的 $MSDI\_CO_2$ 值。计算每个滞后时间间隔（$1{\leqslant}j{\leqslant}12$）下 NDVI 值和 1 个月尺度 $MSDI\_CO_2$ 值间的相关系数（r_0，r_1，r_2，…，r_{12}），当相关系数最大时，取 r_j 为最优相关，则认为时间间隔 j 为最优滞后时间，公式如下：

$$r_j = corr(NADI, MSDI\_CO_{2j}) \tag{5.10}$$

$$r_{max-lag} = \max_{1{\leqslant}j{\leqslant}12}(r_j) \tag{5.11}$$

式中：j 的取值范围为 0～12（0 表示无时滞效应，1～12 分别表示 1～12 个月的时滞）；$MSDI\_CO_2$ 为 1 个月时间尺度的 $MSDI\_CO_2$ 序列；$r_{max-lag}$ 为 r_j 的最大值。

（3）交叉小波分析。

交叉小波分析方法是基于传统小波分析发展起来的一种新型信号分析技术，

它结合了交叉谱分析和小波变化能够在时频域中分析两个时间序列的多时间尺度的相关性[205]，同时该方法还能揭示其在时频域上的细部特征和位相结构[206]。近些年交叉小波分析被广泛应用于水文、气象等多个学科领域[207]。其中，交叉小波功率谱能反映两个时间序列共同的高能量区的整体关系及相位关系，功率谱越大，说明两个时间序列在高能量区越相关显著；交叉小波凝聚谱能反映两个时间序列中低能量区的密切程度及相位关系，凝聚谱越大，说明两个时间序列在中低能量区越相关显著[208]。

功率谱和凝聚谱的计算依据 Morlet 小波公式，对于两个时间序列 X 和 Y 的连续小波变换为 $F_n^x(s)$ 和 $F_n^y(s)$，则它们之间的交叉小波功率谱为

$$\left| W_{xy}(s) \right| = F_n^x(s) F_n^{y*}(s) \tag{5.12}$$

式中：$F_n^{y*}(s)$ 为 $F_n^y(s)$ 的复共轭；s 为时滞。

与红噪声标准谱比较来验证交叉小波功率谱的显著性检验结果的合理性。两时间序列的期望谱 P_m^x 和 P_m^y 均为红噪声谱，则其交叉小波功率谱为

$$\left| \frac{F_n^x(s) F_n^{y*}(s)}{\sigma_x \sigma_y} \right| = \frac{Z_v(p)}{v} \sqrt{P_m^x P_m^y} \tag{5.13}$$

式中：σ_x 为时间序列 X 的标准差；σ_y 为时间序列 Y 的标准差；$Z_v(p)$ 为与概率 p 对应的置信水平；v 为自由度。当式（5.13）左端的值大于所设置的信限时，说明两时间序列的相关性显著。

交叉小波凝聚谱可以反映两个小波变换在时频域的相干程度，公式如下：

$$R_n^2(s) = \frac{\left| S(s^{-1} W_n^{xy}(s)) \right|^2}{S(s^{-1} \left| W_n^x(s) \right|^2) S(s^{-1} \left| W_n^y(s) \right|^2)} \tag{5.14}$$

式中：S 为平滑器，定义为：$S(W) = S_{scale}\{S_{time}[W_n(s)]\}$。其中，$S_{scale}$ 和 S_{time} 分别为沿着小波伸缩尺度轴平滑和沿着时间尺度的平滑。Morlet 小波的平滑器可表示为

$$S_{scale}(W) \big|_n = \left[W_n(s) c_1 \prod (0.6s) \right] \big|_n \tag{5.15}$$

$$S_{time}(W) \big|_s = \left[W_n(s) c_2^{\frac{-t^2}{2s^2}} \right] \big|_2 \tag{5.16}$$

式中：c_1、c_2 均为标准化常数；$\prod$ 为矩形函数；t 为时间长度。

5.2　MSDI_CO$_2$ 干旱指数的适用性分析

5.2.1　MSDI_CO$_2$ 指数与单类型指数的比较

5.2.1.1　干旱指数时间变化分析

为了更好地理解不同干旱指数在干旱监测中的表现，本节分别计算 SPEI_CO$_2$、SRI、SSMI，以及 MSDI_CO$_2$ 指数，并对比分析四类干旱指数对黄河流

域气象干旱、水文干旱、农业干旱和综合干旱的监测效果，从而验证综合干旱指数 $MSDI\_CO_2$ 表征干旱的优越性。

黄河流域 1991—2014 年的 $MSDI\_CO_2$、$SPEI\_CO_2$、SRI 以及 SSMI 指数在 $1\sim50$ 个月尺度上的相关性如图 5.2 所示，从左到右依次为全流域、上游地区和中游地区。全流域 $MSDI\_CO_2$、SRI、SSMI 与 $SPEI\_CO_2$ 的相关系数范围为 $0.63\sim0.96$，上游地区为 $0.57\sim0.97$，中游地区为 $0.64\sim0.96$。其中，全流域和上游地区的干旱指数与 $SPEI\_CO_2$ 的相关性排序为 $MSDI\_CO_2 \geqslant SRI \geqslant SSMI$，中游地区干旱指数与 $SPEI\_CO_2$ 的相关系数排序为 $SRI \geqslant MSDI\_CO_2 \geqslant SSMI$。全流域 $MSDI\_CO_2$、$SPEI\_CO_2$、SSMI 与 SRI 的相关系数范围为 $0.74\sim0.96$，上游地区为 $0.64\sim0.96$，中游地区为 $0.78\sim0.97$。其中，全流域、上游地区以

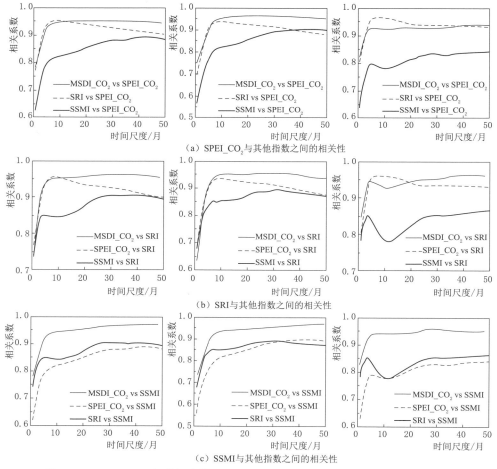

（a）$SPEI\_CO_2$ 与其他指数之间的相关性

（b）SRI 与其他指数之间的相关性

（c）SSMI 与其他指数之间的相关性

图 5.2　1991—2014 年黄河流域 $1\sim50$ 个月时间尺度 $MSDI\_CO_2$、$SPEI\_CO_2$、SRI 和 SSMI 之间的相关性

及中游地区的干旱指数与 SRI 的相关性排序为 MSDI_CO$_2$≥SPEI_CO$_2$≥SSMI。全流域 MSDI_CO$_2$、SPEI_CO$_2$、SRI 与 SSMI 的相关系数范围为 0.63~0.97，上游地区为 0.57~0.97，下游地区为 0.64~0.96。其中，全流域、上游地区以及中游地区的干旱指数与 SRI 的相关性排序为 MSDI_CO$_2$≥SRI≥SPEI_CO$_2$。综上，各区域 MSDI_CO$_2$ 指数在不同时间尺度上均与单类型干旱指数间具有较高的相关关系。

由图可知，黄河流域上游地区综合干旱指数和单类型干旱指数之间的相关性差异较小，可能是因为黄河流域上游地区处我国地理第一阶梯，海拔较高，温度较低，山区地面植被覆盖率高，蒸发量较少，使得四类干旱指数在干旱监测性能方面的表现较为稳定，并且时间尺度越长，土壤水对降水、径流的相关性越趋于稳定，这是因为山区植被覆盖率高，使得土壤含水量对降水和径流的响应存在一定的滞后；而黄河流域中游地区 SSMI 与 SRI、SPEI_CO$_2$ 的相关性差异较大，这可能是因为黄河流域中游地区地处黄土高原，植被覆盖率低，土壤蓄水能力较弱，蒸发量增速加快，使得土壤含水量对降水、径流的响应受到影响，导致农业干旱的监测性能下降。同时可以看出，在短时间尺度（<8 个月）综合干旱指数与单类型干旱指数的相关性具有很好的同步性，而当时间尺度超过 8 个月后，MSDI_CO$_2$ 指数在所有区域中表现出更高的相关性。综上所述，综合干旱指数 MSDI_CO$_2$ 在表征黄河流域干旱状况方面具有明显优势。

月尺度下 1991—2014 年黄河流域 MSDI_CO$_2$、SPEI_CO$_2$、SRI 以及 SSMI 指数的变化趋势如图 5.3 所示。月尺度下 MSDI_CO$_2$ 的趋势、变化规律与 SPEI_CO$_2$、SRI、SSMI 指数相似，SPEI_CO$_2$、SRI 和 SSMI 值的增大或减小，MSDI_CO$_2$ 值也会相应地增大或减小。说明 MSDI_CO$_2$ 指数与 SPEI_CO$_2$、SRI、SSMI 指数的变化趋势具有较好的一致性。

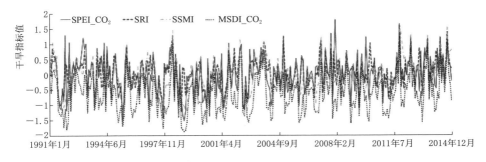

图 5.3　1991—2014 年黄河流域月尺度 MSDI_CO$_2$、SPEI_CO$_2$、
SRI 和 SSMI 指标的变化趋势

5.2.1.2 干旱指数相关性分析

利用 $MSDI\_CO_2$、$SPEI\_CO_2$、SRI 以及 SSMI 指数的年尺度时间序列计算指数之间的相关系数，并绘制空间分布图如图 5.4 所示。由图可知，$MSDI\_CO_2$ 与 $SPEI\_CO_2$、SRI、SSMI 指数间的相关系数在黄河流域均大于 0.65，且均通过 $p=0.01$ 的显著性检验，呈现极强的相关性。$MSDI\_CO_2$ 与 $SPEI\_CO_2$、SRI、SSMI 指数相关关系的空间分布特征基本一致，在甘肃、宁夏、内蒙古北部、陕西中部以及山西中西部地区的相关性较大。

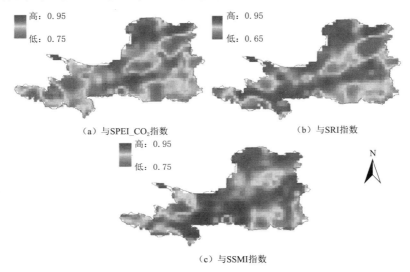

（a）与 $SPEI\_CO_2$ 指数 　　　　（b）与 SRI 指数

（c）与 SSMI 指数

图 5.4　1991—2014 年黄河流域年尺度 $MSDI\_CO_2$ 指数与其他干旱
指数相关系数空间分布

1991—2014 年黄河流域 $SPEI\_CO_2$、SRI、SSMI 和 $MSDI\_CO_2$ 指数之间的矩阵散点图如图 5.5 所示，通过与 $SPEI\_CO_2$、SRI、SSMI 指数比较，从而验证 $MSDI\_CO_2$ 指数表征干旱的优越性。由图可知，$SPEI\_CO_2$ - SRI、$SPEI\_CO_2$ - SSMI、SRI - SSMI 这三类指数之间的相关性较高，相关系数分别为 0.9406、0.8286、0.8476，其中 $SPEI\_CO_2$ 和 SRI 之间的相关系数最高，表明水分盈亏和径流变化具有较好的同步性，与相关系数空间分布图相一致；构建的综合干旱指数 $MSDI\_CO_2$ 与各单类型指数（$SPEI\_CO_2$、SRI、SSMI）之间的相关系数分别为 0.9483、0.9506、0.9497，均具有较强的相关性，且均通过 $p=0.01$ 的显著性检验。

对黄河流域 1991—2014 年年尺度 $MSDI\_CO_2$、$SPEI\_CO_2$、SRI 以及 SSMI 指数序列进行干旱频次统计。统计 $MSDI\_CO_2$ 指数与 $SPEI\_CO_2$、SRI、SSMI 指数中的一种或多种同时出现干旱的频次占 $MSDI\_CO_2$ 指数干旱总频次的比例。

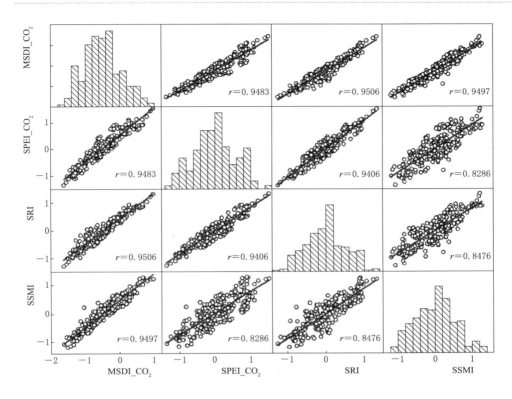

图 5.5   1991—2014 年黄河流域 SPEI_CO₂、SRI、SSMI 和
MSDI_CO₂ 之间的矩阵散点图

黄河流域年尺度 MSDI_CO₂ 指数干旱监测"准确率"如图 5.6 所示，MSDI_CO₂ 指数在黄河流域的干旱监测"准确率"基本在 90% 以上，表明 MSDI_CO₂ 指数对黄河流域干旱监测具有一定的可靠性。

根据黄河流域干旱研究的文献统计[209]，1997 年黄河流域遭受严重干旱。因此，以黄河流域 1997 年的干旱为例，对比分析 MSDI_CO₂、SPEI_CO₂、SRI 以及 SSMI 指数监测本次干旱的能力。

黄河流域 1997 年干旱的空间演变如图 5.7 所示，1997 年 6 月黄河流域中游地区发生较为严重的气象、水文和农业干旱，甘肃东部、陕西、山西以及河南中北部地区尤为严重，表明 MSDI_CO₂ 指数捕捉干旱开始的能力

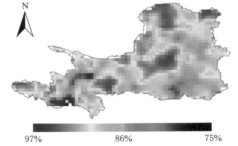

图 5.6   黄河流域年尺度 MSDI_CO₂ 指数
干旱监测"准确率"

与 SPEI_CO$_2$、SRI、SSMI 指数相当。7—8 月，黄河流域干旱的空间分布基本一致，表明 MSDI_CO$_2$ 指数捕捉干旱的能力与 SPEI_CO$_2$、SRI、SSMI 指数相当，可以监测气象、水文和农业干旱；9 月，内蒙古地区发生严重的气象和水文干旱，而 MSDI_CO$_2$ 指数也捕捉到内蒙古发生了严重的干旱事件，说明 MSDI_CO$_2$ 指数可以监测气象和水文干旱；10 月，黄河流域大部分地区发生较为严重的气象、水文和农业干旱，MSDI_CO$_2$ 指数显示干旱空间分布与 SPEI_CO$_2$ 指数相似程度较高，表明 MSDI_CO$_2$ 指数可以很好地监测气象干旱。青海西部、甘肃、宁夏、陕西、山西以及河南地区发生严重的水文干旱，甘肃、内蒙古中部、陕西和山西交界处以严重农业干旱为主；11 月，气象和水文干旱基本在黄河流域结束，而仍有农业干旱，MSDI_CO$_2$ 指数显示相似的干旱空间分布，说明 MSDI_CO$_2$ 指数捕捉干旱结束的能力与 SSMI 指数相当。以上分析表明基于降水、蒸散发、径流和土壤水的 MSDI_CO$_2$ 指数可以有效、灵敏地捕捉到干旱开始、持续时间和干旱结束等主要特征。

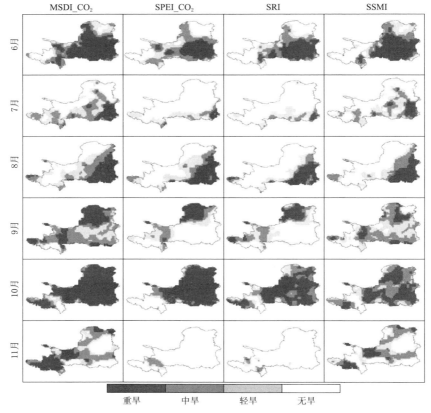

图 5.7　1997 年黄河流域干旱空间演变

综上所述，本书构建的综合干旱指数对干旱监测具有一定的综合性和可靠性等优点，兼具 SPEI_CO$_2$、SRI 和 SSMI 指数的能力，既可以如 SPEI_CO$_2$、SRI 和 SSMI 指数一样较好地捕捉干旱的开始，也能如 SSMI 指数一样较好地监测干旱的结束时间和持续时间，能够更为全面、系统地监测气象、水文和农业干旱，并具有一定的干旱预警能力，为干旱的监测、预警预报提供新的工具。

5.2.2　MSDI_CO$_2$ 指数下综合干旱情景分析

根据《中国干旱灾害数据集》及相关文献[209]，黄河流域在 1991 年、1997 年和 2002 年先后发生了严重的干旱事件，利用 MSDI_CO$_2$、SPEI_CO$_2$、SRI、SSMI 指数对这三个典型历史干旱事件的起始和结束时间进行识别，结果见表 5.4。从表中可以看出：①MSDI_CO$_2$ 指数识别的三个典型干旱事件能够将 SPEI_CO$_2$、SRI、SSMI 指数所识别的干旱开始和结束均包含在内，也就是说 MSDI_CO$_2$ 指数捕捉干旱事件的开始时间与 SPEI_CO$_2$、SRI、SSMI 指数捕捉的开始时间一致甚至提前；MSDI_CO$_2$ 指数捕捉的干旱结束时间与 SPEI_CO$_2$、SRI、SSMI 指数捕捉的干旱结束时间相同，甚至在其结束之后。②MSDI_CO$_2$ 指数所识别的典型干旱事件的持续时间均超过或至少与 SPEI_CO$_2$、SRI、SSMI 指数所识别的持续时间一致。这是因为，MSDI_CO$_2$ 指数同时考虑了降水、径流和土壤水分的变化特征，使得与 SPEI_CO$_2$、SRI、SSMI 指数相比，MSDI_CO$_2$ 指数对干旱事件持续时间的识别更加敏感和严谨。③MSDI_CO$_2$ 指标识别的 3 个典型干旱事件的持续时间与历史观测数据具有较好的一致性，比 SPEI_CO$_2$、SRI、SSMI 指数识别的结果更合理。

表 5.4　　　　　　　　**1991—2014 年黄河流域历史典型干旱事件识别结果**

干旱指数	干旱开始时间				干旱结束时间			
	MSDI_CO$_2$	SPEI_CO$_2$	SRI	SSMI	MSDI_CO$_2$	SPEI_CO$_2$	SRI	SSMI
1991—1992 年	1991 年 7 月	1991 年 7 月	1991 年 7 月	1991 年 7 月	1992 年 2 月	1991 年 9 月	1991 年 11 月	1992 年 2 月
1997—1998 年	1997 年 5 月	1997 年 8 月	1997 年 6 月	1997 年 6 月	1998 年 2 月	1997 年 10 月	1997 年 10 月	1997 年 11 月
2002—2003 年	2002 年 7 月	2002 年 7 月	2002 年 7 月	2002 年 10 月	2003 年 2 月	2002 年 11 月	2002 年 11 月	2003 年 1 月

同时还能看出，SPEI_CO$_2$、SRI 和 SSMI 指数捕捉干旱开始的能力相当，捕捉干旱结束的能力却又不同，这是因为复杂的产汇流过程，导致水文干旱对气象干旱存在滞后时间，所以 SRI 指数对捕捉干旱的结束时间相对 SPEI_CO$_2$ 指数来说要迟。土壤含水量反映了降水经过蒸发、植被、地形地貌等因素影响后在土壤中的状态，说明 SSMI 指数捕捉干旱结束的能力更强，并且水分亏损的

时间越长，SSMI 指数捕捉的持续时间越长，干旱结束的时间越晚。$MSDI\_CO_2$ 指数综合了降雨、径流、土壤水等信息，能够灵敏、有效地捕捉干旱事件的开始、持续时间、结束。

为进一步探究 $MSDI\_CO_2$ 指数表征干旱的能力，分别统计 $MSDI\_CO_2$、$SPEI\_CO_2$、SRI 以及 SSMI 指数历时 3 个月以上的干旱场次。$MSDI\_CO_2$ 指数 3 个月历时以上干旱事件有 23 场，$SPEI\_CO_2$ 和 SRI 指数历时超过 3 个月的干旱事件均有 6 场，SSMI 指数历时超过 3 个月的干旱事件有 5 场。综合干旱指数和单类型干旱指数间的差异较大，通过观察 $MSDI\_CO_2$ 指数所捕捉的历时 3 个月以上的干旱，发现在对应的时间段内 $SPEI\_CO_2$、SRI 和 SSMI 指数也出现了达到干旱阈值的情况，$MSDI\_CO_2$ 指数不存在"漏报、误报"的情况，说明长历时的 $MSDI\_CO_2$ 指数的干旱预警性能较为突出。Hao 等[100] 研究发现 MSDI 指数在干旱监测方面可靠性较高，且具有有效的干旱预警能力，与本书的研究结果具有较高的一致性。

综上所述，$MSDI\_CO_2$ 指数能够较为全面地表征干旱事件，对建立旱灾风险预警具有重要作用，为被动抗旱转变为主动抗旱提供参考依据。当 $MSDI\_CO_2$ 指数开始小于干旱阈值时，气象干旱可能开始，这就需要制定方案应对气象干旱传播导致农业干旱，并发布预警信息；当 $MSDI\_CO_2$ 指数不断低于阈值时，气象干旱开始传播，导致农业和水文干旱事件发生，需要制定应对方案及时采取有效措施；当 $MSDI\_CO_2$ 指数持续降低时，3 种干旱可能均已发生，务必制定抗旱措施积极应对。

5.2.3　$MSDI\_CO_2$ 指数对流域干旱受灾/成灾面积的反应

降水量的短缺、蒸发量的增加会产生气象干旱，气象干旱往往会导致土壤水分降低，土壤含水量的变化对作物正常生长的水分需求有直接影响，当水分亏缺抑制作物正常生长发育造成作物减产甚至绝收时形成农业气象灾害，我国农业受旱灾影响的基本情况通常由干旱受灾/成灾面积来表征。综合干旱指数与干旱受灾/成灾面积存在一定的相关性，能在一定程度上反映流域受灾/成灾的状况。为了验证 $MSDI\_CO_2$ 指数在农业干旱监测中的适用性，收集农作物因干旱影响的受灾面积和成灾面积。农作物受灾面积是指当年因干旱导致作物产量比正常年份减少一成（含一成）以上的作物播种面积，成灾面积是指当年因干旱导致作物产量比正常年份减少三成（含三成）以上的作物播种面积。

根据网络记载及相关文献[209]，黄河流域严重干旱的年份有 1965 年、1972 年、1980 年、1986 年、1995 年、1997 年、2000 年、2007 年，例如，1986 年黄河流域夏旱，尤其是黄河中下游、内蒙古中西部地区较为严重；1997 年黄河流域大部分地区夏季持续高温少雨，发生严重干旱；2000 年黄河流域大部分地区暴发持续时间较长的春旱，夏季降水持续偏少，遭受春夏连旱。1991—2009 年黄河流域受灾/成灾面积与综合干旱指数 $MSDI\_CO_2$ 的分布图如图 5.8 所示，其中 1991—2009 年的受旱/成灾面积来源于中国水旱灾害公报[210]。由图可知，当 $MSDI\_CO_2$ 值较小，干旱较严重，干旱受旱/成灾面积较大，反之亦然。如 1997 年、2000 年和 2001 年的 $MSDI\_CO_2$ 值较小，受旱面积较大均超过 $3000km^2$，成灾面积也较大，其中 2000 年黄河流域受旱面积和成灾面积最大，旱情较重；而 1998 年的 $MSDI\_CO_2$ 值较大，受旱面积 $1304km^2$，成灾面积只有 $458km^2$，旱情较轻。这与黄河流域历史干旱事件的记载较为吻合，说明 $MSDI\_CO_2$ 指数应用于黄河流域干旱具有可行性。对比 21 世纪和 20 世纪，受旱面积和成灾面积均呈下降的趋势，这可能得益于完善的水利工程建设及其联合调度功能，提高了应对干旱的能力，减轻干旱造成的损失较为明显。

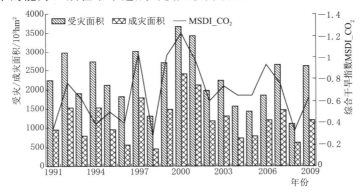

图 5.8　1991—2009 年黄河流域受灾/成灾面积和综合干旱指数分布图

5.3　综合干旱时空演变特征

5.3.1　多时间尺度干旱演变特征

干旱演变是一个渐进的过程，不同时间尺度下 $MSDI\_CO_2$ 的波动状况反映了过去不同累积时间段内的干旱效应，如 $MSDI\_CO_2-1$、$MSDI\_CO_2-3$ 和 $MSDI\_CO_2-12$ 分别反映黄河流域过去一个月、一个季度和一年内的综合干旱状况。本书分别计算全流域、上游和中游 1991—2014 年不同时间尺度的 $MSDI\_CO_2$（1～24 个月），并绘制不同累计尺度下的综合干旱指数时间变化特征如图 5.9 所示。图中颜色趋于色带左侧表示 $MSDI\_CO_2$ 值较小即旱情较重，颜色趋于色带右侧表示 $MSDI\_CO_2$ 值较大即旱情较轻。从图中可以看出，综合干旱随时间变化是一个渐变的过程，随着时间尺度的增加，干旱波动性随之降低，年际变化趋势更为显著，干、湿变化周期均呈现明显增加，说明综合干旱的发生次数显著降低，而干旱历时和干旱强度却有所增加。不同时间尺度上，全流域、

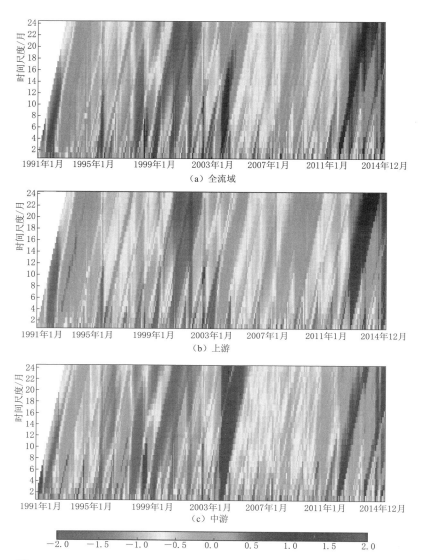

图 5.9　1991—2014 年黄河流域多时间尺度 MSDI_CO$_2$ 序列时间演变特征

上游以及中游 MSDI_CO$_2$ 均呈现上升趋势，说明综合干旱呈现减缓趋势。同时可以看出，全流域、上游以及中游 MSDI_CO$_2$ 序列在 1991—1998 年为旱涝波动变化期，旱涝事件交替发生；在 1999—2003 年发生了历时较长、强度较大的综合干旱事件，2004 年以后综合干旱事件显著减少，有变湿的趋势，尤其是 2012年之后以湿润事件为主。全流域和中游在 2004 年前后均表现出了湿润趋势，尤其中游出现了强度较大的湿润事件。周凯[211] 关于黄河流域干旱评估与预测的研究也表明 20 世纪 90 年代受厄尔尼诺事件的强烈影响，导致夏季风较弱，季风雨带偏南，使得黄河流域该时期夏季出现大范围的干旱现象，进入 2000 年以后，干旱状况有所缓解，与本书结果相吻合。

5.3.2　干旱变化趋势特征

5.3.2.1　干旱变化趋势时间特征

1991—2014 年黄河流域季节 $MSDI\_CO_2$ 序列时间的变化特征如图 5.10 所示。由图可知，1991—2014 年黄河流域春季、夏季、秋季和冬季 $MSDI\_CO_2$ 序列的倾向率分别为 0.107/10a、0.148/10a、0.509/10a 和 0.084/10a，其中秋季综合干旱的变化趋势最明显，说明四季干旱呈减缓趋势，向湿润化发展。春、夏、秋、冬四季发生综合干旱最严重的年份分别为 1995 年（$MSDI\_CO_2 = -1.66$）、2001 年（$MSDI\_CO_2 = -1.35$）、1991 年（$MSDI\_CO_2 = -1.65$）、1999 年（$MSDI\_CO_2 = -1.88$）。而 $MSDI\_CO_2$ 年代际的变化特征在不同季节中具有较大差异，春季 $MSDI\_CO_2$ 序列在 20 世纪 90 年代表现为上下波动的变化趋势，呈旱涝交替状态，2000 年以后呈上升趋势，向湿润化发展，且 2014 年 $MSDI\_CO_2$ 值最大为 0.17；夏季 $MSDI\_CO_2$ 序列在 20 世纪 90 年代同样表现旱涝交替状态，1992—1996 年没有发生干旱事件，2000 年以后整体呈上升趋势，呈现湿润化状态；秋季 $MSDI\_CO_2$ 序列在 1996 年之前呈上升趋势，1997 年迅

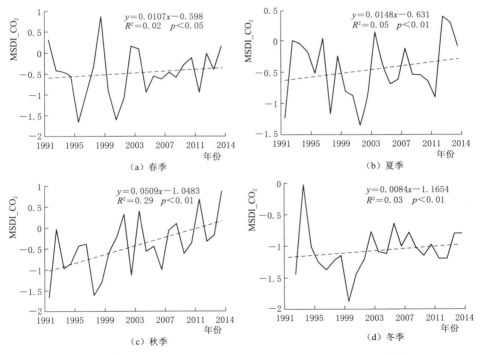

图 5.10　1991—2014 年黄河流域季节 $MSDI\_CO_2$ 序列时间变化特征

速变为下降趋势，之后又呈上升趋势，$MSDI\_CO_2$ 值均小于 -0.5，2000—2010 年呈旱涝交替状态，向湿润化状态发展，2011 年以后没有发生干旱事件；冬季 $MSDI\_CO_2$ 序列在 20 世纪 90 年代呈现下降趋势，2000 年以后均呈上升趋势，均表现为干旱化，但干旱化趋势呈减缓状态。由于黄河流域春、夏、秋、冬四季气候大不相同，造成不同季节的 $MSDI\_CO_2$ 序列变化特征也存在差异，其中，春季通过了 $p=0.05$ 的显著性检验，其余三个季节均通过了 $p=0.01$ 的显著性检验。综上所述，1991—2014 年黄河流域春、夏、秋、冬四季综合干旱均呈减缓趋势。

1991—2014 年黄河流域 $MSDI\_CO_2$ 序列的趋势特征 Z 值如图 5.11 所示，$Z>0$ 表示干旱呈减缓趋势，$Z<0$ 表示干旱呈增加趋势。由图可知，黄河流域不同时间尺度综合干旱的变化趋势特征差异明显，月尺度上，全流域 1—12 月 $MSDI\_CO_2$ 的 Z 值分别为 -0.55、0.53、-0.69、0.05、0.79、0.12、0.50、-0.03、2.05、0.45、0.64、0.09，其中，1 月、3 月和 8 月的趋势特征 Z 值小于 0，表明黄河流域在这些月份综合干旱呈增加趋势，其余月份的 Z 值均大于 0，即综合干旱呈减缓趋势，且 9 月的综合干旱指数的上升趋势通过了 $p=0.01$ 的显著性检验。上游 1—12 月 $MSDI\_CO_2$ 的 Z 值分别为 -0.33、0.38、-0.71、0.07、0.76、0.13、0.10、-0.19、1.66、1.01、1.02、0.23，趋势特征与全流域类似，在 1 月、3 月和 8 月综合干旱呈增加趋势，其余月份综合干旱呈减缓趋势，且 9 月的 $MSDI\_CO_2$ 序列上升趋势通过了 $p=0.1$ 的显著性检验。中游 1—12 月 $MSDI\_CO_2$ 的 Z 值分别为 -0.84、0.73、-0.68、0.03、0.80、-0.32、1.05、0.19、2.58、-0.31、0.12、-0.10，共有 5 个月份（1 月、3 月、6 月、10 月、12 月）的 $MSDI\_CO_2$ 序列呈下降趋势，即综合干旱呈严重化趋势，其余月份的综合干旱呈减缓趋势，且 9 月的 $MSDI\_CO_2$ 序列上升趋势通过了 $p=0.05$ 的显著性检验。季尺度上，全流域在春、夏、秋、冬四季 $MSDI\_$

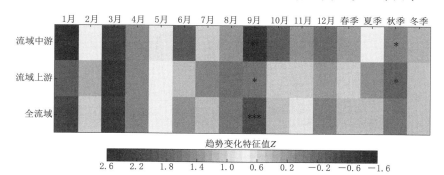

图 5.11　1991—2014 年黄河流域 $MSDI\_CO_2$ 序列的趋势特征 Z 值，

注："＊""＊＊"和"＊＊＊"分别表示通过 0.1、0.05 和 0.01 水平的显著性检验。

CO_2 的 Z 值分别为 0.42、0.44、1.68、0.44；上游在春、夏、秋、冬四季 MS-DI_CO_2 的 Z 值分别为 0.52、0.18、1.80、0.49；中游在春、夏、秋、冬四季 MSDI_CO_2 的 Z 值分别为 0.27、0.79、1.51、0.39。可以看出，综合干旱在春季、夏季、秋季和冬季均呈减缓趋势，且黄河上游和中游地区在秋季的 MSDI_CO_2 序列上升趋势均通过了 $p=0.1$ 的显著性检验。

5.3.2.2　干旱变化趋势的空间特征

通过绘制黄河流域四季 MSDI_CO_2 序列变化趋势特征 Z 值的空间分布特征如图 5.12 所示，分析季节干旱趋势的空间演变特征。

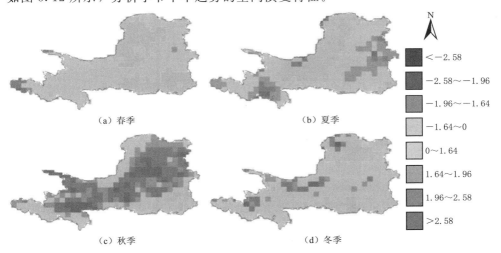

图 5.12　1991—2014 年黄河流域季节 MSDI_CO_2 序列变化趋势（Z 值）空间分布特征

春季 MSDI_CO_2 序列呈上升趋势的区域占黄河流域的 67.20%，主要集中在青海、甘肃、内蒙古东北部、汉中、陕北以及山西中北部地区，这些区域表现出湿润化趋势，且仅有 2.51% 的区域呈显著（$p=0.05$）湿润化特征；MSDI_CO_2 序列在宁夏西北部、内蒙古西部、陕西南部、山西南部以及河南地区呈现不显著下降趋势，面积占比为 28.79%。

夏季 MSDI_CO_2 序列呈现出上升趋势的区域占黄河流域的 66.48%，其中，10.25% 区域的湿润化特征通过 $p=0.1$ 显著性检验，主要集中在青海东南与甘肃西南交界处、山西以及陕西部分地区，且仅有 4.34% 区域的湿润化趋势通过 $p=0.05$ 显著性检验；而甘肃北部、宁夏、内蒙古西北部、陕西西部以及河南东部地区呈现干旱化趋势，面积占比为 31.36%，且仅有 4.35% 区域的干旱化趋势通过 $p=0.1$ 显著性检验。

秋季 MSDI_CO_2 序列在空间上主要以湿润化趋势发展为主，占黄河流域面积的 96.39%，在研究区内大致呈西南—东北方向分布。其中，表现出 $p=0.1$

显著湿润化特征区域的面积占 19.55％，表现出 $p=0.05$ 显著湿润化特征区域的面积占 30.70％，表现出 $p=0.01$ 显著湿润化特征区域的面积占 11.73％。

冬季 MSDI_CO_2 序列表现出上升趋势的面积占黄河流域的 73.22％，呈现出湿润化趋势，主要集中在青海、甘肃、宁夏、山西、河南以及陕西大部分地区，其中，5.37％的区域通过 $p=0.1$ 显著湿润化特征，6.13％的区域通过 $p=0.05$ 显著湿润化特征；MSDI_CO_2 序列在内蒙古大部分地区以及陕西南部地区呈现下降趋势，显著下降的区域主要集中在内蒙古北部地区，面积占比约为 7.86％。

综上所述，黄河流域四季干旱变化趋势的空间特征有较大差异，春季、夏季和冬季呈干旱化趋势的区域主要集中在上游偏北区域，秋季以湿润化趋势为主，呈显著湿润化的区域沿流域大致呈西南—东北方向分布。

5.3.3　干旱多时间尺度振荡特征

干旱的变化过程综合了大气环流、地理环境以及人类活动等因素，它具有复杂性、非线性以及周期性。ESMD 方法可以直观地体现各模态的振幅与频率的时变性，能够解决时间序列的非线性、非平稳问题。

1991—2014 年全流域、上游及中游月尺度综合干旱指数的 ESMD 分解结果如图 5.13 所示。全流域和上游分别得到了 7 个 IMF 分量和一个残差项 R，中游得到了 6 个 IMF 分量和一个残差项 R。分解得到的 IMF 分量均是相互独立的，

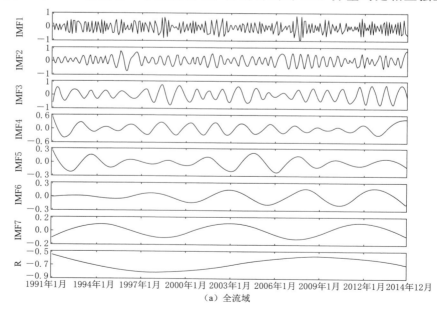

（a）全流域

图 5.13（一）　1991—2014 年黄河流域综合干旱指数 MSDI_CO_2 序列的 ESMD 分解结果

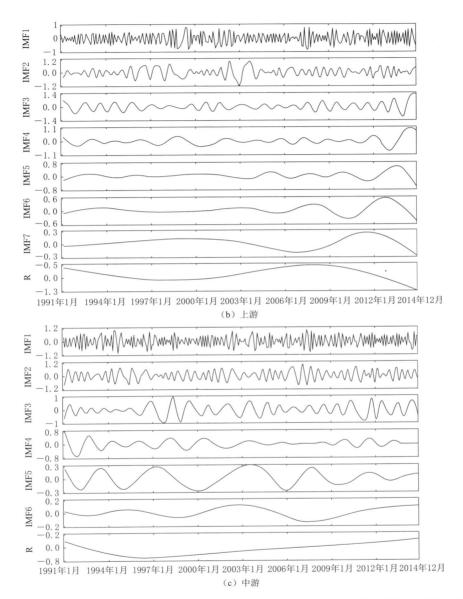

图 5.13（二） 1991—2014 年黄河流域综合干旱指数 $MSDI\_CO_2$ 序列的 ESMD 分解结果

这些分量变化幅度并不均匀，有些时段内波动幅度较小，有些时段内波动幅度较大，这可能与气候的内部自然过程或外部强迫以及人类活动的影响有关[212]。IMF 分量分别表示原始序列在不同时间尺度上的振荡特点，IMF1 表示振荡频率最强，IMF7 表示振荡频率最弱，且从 IMF1 到 IMF7 周期是不断增大的。R 是分解后得到的残差项，它表示原始数据序列随时间变化的整体趋势。从图中可以看出，全流域和上游的 $MSDI\_CO_2$ 序列大致经历了下降—上升—下降的趋势；而中游的 $MSDI\_CO_2$ 序列经历了下降—上升的趋势。

从图 5.13 可以看出，全流域、上游及中游之间各分量的振荡形式具有差异性，为了更好地了解不同时间尺度分量的振荡特征，黄河流域不同区域各分量的准周期见表 5.5。总体来看，短时间尺度上，全流域、上游及中游综合干旱指数的周期很接近，但随着时间尺度的增加，不同区域之间的周期差异在增大；月尺度上，全流域的综合干旱具有 3 个月和 7 个月的准周期、上游的综合干旱具有 3 个月和 9 个月的准周期及中游的综合干旱具有 3 个月和 6 个月的准周期，月尺度上的周期性体现了综合干旱的季节性特征；年际尺度上，全流域的综合干旱表现出了 12 个月（1 年）、23 个月（1.9 年）、32 个月（2.7 年）和 58 个月（4.8 年）的准周期，上游的综合干旱表现出了 12 个月（1 年）、32 个月（2.7 年）、48 个月（4 年）和 58 个月（4.8 年）的准周期，中游的综合干旱表现出了 16 个月（1.3 年）、21 个月（1.8 年）和 58 个月（4.8 年）的准周期；年代际尺度上，全流域的综合干旱具有准 132 个月（11 年）的周期特征、上游的综合干旱具有准 144 个月（12 年）的周期特征及中游的综合干旱具有准 144 个月（12 年）的周期特征。

为了更好地说明各分量的准周期代表实际物理信息的强弱，通过方差贡献率的大小来反映每个 IMF 分量对原始 $MSDI\_CO_2$ 系列波动性的贡献程度，不同分量对 $MSDI\_CO_2$ 序列的方差贡献率以及相关系数见表 5.5。由表可知，全流域、上游及中游的模态分量中均是 IMF1 分量准 3 个月主周期的方差贡献率最大，分别达到 32.15%、24.57% 和 37.34%，与原始 $MSDI\_CO_2$ 序列的相关系数分别达到 0.53、0.57 和 0.57，且均通过 $p=0.01$ 的显著性检验，振动信号非常强；IMF2 分量各区域方差贡献率分别为 21.85%、21.29% 和 24.14%，与原始 $MSDI\_CO_2$ 序列的相关系数均通过 $p=0.01$ 的显著性检验；IMF3 分量各区域方差贡献率分别为 30.78%、22.40% 和 24.50%，与原始 $MSDI\_CO_2$ 序列的相关系数均通过 $p=0.01$ 的显著性检验；IMF4 分量各区域方差贡献率分别为 7.58%、13.65% 和 6.70%，与原始 $MSDI\_CO_2$ 序列的相关系数均通过 $p=0.01$ 的显著性检验；IMF5 分量各区域方差贡献率分别为 2.28%、4.84% 和 4.40%，仅中游通过 $p=0.01$ 的显著性检验；IMF6 分量各区域方差贡献率分别为 2.33%、5.68% 和 0.80%，与原始 $MSDI\_CO_2$ 序列的相关系数均通过 $p=0.05$ 的显著性检验。通过各模态分量的方差贡献率大小可以看出，IMF1 决定着黄河流域月尺度 $MSDI\_CO_2$ 的变化趋势，主周期均是 3 个月，年内波动在 $MSDI\_CO_2$ 序列变化中起主导作用。

表 5.5　　　　黄河流域综合干旱指数 $MSDI\_CO_2$ 的周期及
各分量方差贡献率、相关系数

模态分量	周期/月			方差贡献率/%			相关系数		
	全流域	上游	中游	全流域	上游	中游	全流域	上游	中游
IMF1	3	3	3	32.15	24.57	37.34	0.53＊＊	0.57＊＊	0.57＊＊
IMF2	7	9	6	21.85	21.29	24.14	0.42＊＊	0.48＊＊	0.46＊＊
IMF3	12	12	16	30.78	22.40	24.50	0.56＊＊	0.47＊＊	0.49＊＊
IMF4	23	32	21	7.58	13.65	6.70	0.30＊＊	0.24＊＊	0.21＊＊
IMF5	32	48	58	2.28	4.94	4.40	0.11	−0.03	0.22＊＊
IMF6	58	58	144	2.33	5.68	0.80	0.14＊	0.13＊	0.13＊
IMF7	132	144		1.38	2.31		0.08	−0.11	
R				1.64	5.17	2.12	0.12＊	−0.41	0.14＊

注　"＊"和"＊＊"分别表示结果通过 0.05 和 0.01 的显著性检验。

5.3.4　干旱发生范围特征

1991—2014 年黄河流域春、夏、秋、冬四个季节综合干旱发生范围的统计如图 5.14 所示。

春季干旱覆盖范围在 6.38％～96.63％ 波动，整体上以 −5.06/10a 的速率呈减少的趋势。仅 1998 年无明显干旱发生，其余年份均发生不同覆盖率的干旱事件，其中有 11 年发生全域性干旱，分别为 1995 年、1996 年、1999 年、2000年、2001 年、2004 年、2005 年、2006 年、2008 年、2011 年和 2013 年；有 5 年发生区域性干旱，分别为 1992 年、1993 年、1994 年、1997 年和 2007 年；局域性干旱有 1991 年、2002 年、2003 年、2012 年、2014 年，共 5 年。

夏季干旱覆盖率范围在 12.69％～93.26％，相对于春季干旱覆盖率面积有所减少，整体以 −3.54/10a 的速率呈减少的趋势。在 1991—2014 年中均发生不同覆盖率的干旱，其中，覆盖面积达 50％ 以上的全域性干旱年份有 1991 年、1995 年、1997 年、1999 年、2000 年、2001 年、2002 年、2005 年、2006 年、2010 年和 2011 年，共 11 年，占总年份的 46％；发生区域性干旱的年份有 2004 年、2008 年、2009 年和 2014 年，共 4 年；发生部分区域性干旱的年份有 1993 年、1994 年、1996 年、1998 年、2007 年和 2013 年，共 6 年；发生局域性干旱的年份有 1992 年、2003 年和 2012 年。整体来看，1997—2002 年夏季干旱覆盖面积明显增大，与 20 世纪 90 年代厄尔尼诺事件导致夏季气温升高和降水减少有关。

秋季干旱覆盖范围波动较大，分布在 3.63％～97.67％ 之间，整体以 −20.69/10a 的速率呈减少的趋势。在 1991—2014 年中有 3 年无明显干旱发生，分别为 1992 年、2011 年和 2014 年，其余年份均发生不同覆盖率的干旱，其中，

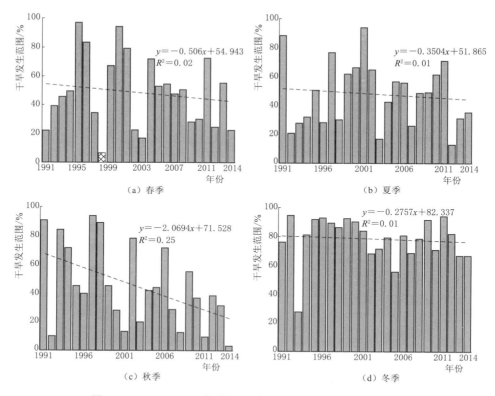

图 5.14　1991—2014 年黄河流域季节干旱发生范围变化特征

覆盖面积达 50% 以上的全域性干旱年份有 8 年，分别为 1991 年、1993 年、1994 年、1997 年、1998 年、2002 年、2006 年和 2009 年，占总年份的 33%；发生区域性干旱的年份有 7 年，分别为 1995 年、1996 年、1999 年、2004 年、2005 年、2010 年和 2012 年，占总年份的 29%；发生部分区域性干旱的年份有 2000 年、2007 年和 2013 年，共 3 年；发生局域性干旱的年份有 2001 年、2003 年和 2008 年。

　　冬季干旱覆盖范围波动较小，分布在 27.30%～100% 之间，整体以 -2.76/10a 的速率呈减少的趋势。在 1991—2014 年中均发生不同覆盖率的干旱，除了 1993 年发生部分区域性干旱，其余年份均发生全域性干旱年份，分别为 1992 年、1994—1999 年、2000—2014 年。整体来看，相对于其他季节，冬季发生的干旱事件影响范围更广。

5.3.5　干旱强度特征

5.3.5.1　干旱强度时间分析

　　黄河流域 1991—2014 年季节干旱强度时间变化特征如图 5.15 所示。由图可知，春季干旱强度波动幅度为 0.86～1.72，1991—2002 年表现出显著的减弱趋势，最大值出现在 1995 年（1.72），属于重度干旱，2003—2014 年属于波动减弱期，最小值出现在 2012 年（0.86），属于轻度干旱。发生中等强度干旱的年份有 1991—1994 年、1996 年、1998 年、1999 年、2001—2005 年、2007—2011 年、2013 年和 2014 年，占总年份的 79%。总的来看，春季干旱强度表现出减弱的趋势，即表现出湿润化的趋势，与 5.3.2 节黄河流域春季 $MSDI\_CO_2$ 序列的时间变化特征分析结果保持一致。

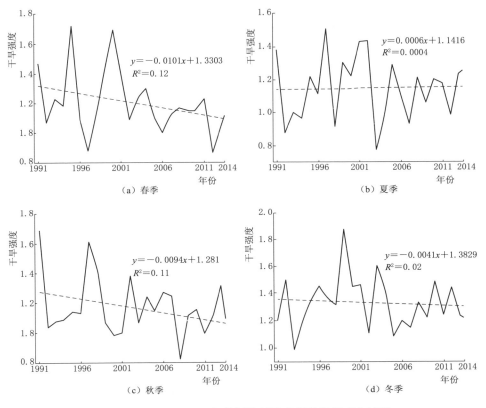

图 5.15　1991—2014 年黄河流域季节干旱强度变化特征

夏季干旱强度的线性倾向率为 0.006/10a，表明干旱强度有微弱的增强趋势，最小值出现在 2003 年为 0.78，属于轻度干旱，最大值出现在 1997 年为 1.51，属于重度干旱。发生轻度干旱的有 7 年，发生中度干旱的有 16 年，分别为 1991 年、1993 年、1995 年、1996 年、1999—2002 年、2005 年、2006 年、2008—2011 年、2013 年和 2014 年，占总年份的 67%。1997—2002 年干旱强度平均值为 1.30，属于中度干旱，这与干旱发生范围统计结果一致。

秋季干旱强度值介于 0.82～1.69，最大干旱强度值出现在 1991 年为 1.69，属于重度干旱年，最小干旱强度值出现在 2008 年为 0.82，属于轻度干旱年；多年平均干旱强度值为 1.16，属于中度干旱。出现中度干旱的年份有 17 年，分别为 1992—1996 年、1998 年、1999 年、2002—2007 年、2009 年、2010 年、2012 年和 2013 年，占总年份的 71%。秋季干旱强度表现出减弱的趋势，即湿润化趋势。

冬季干旱强度表现出减弱的趋势，变化趋势率为 −0.041/10a。1999 年是冬季重度干旱的年份，干旱强度值达 1.88；1993 年是冬季轻度干旱的年份，干旱强度值为 0.98。除 1993 年干旱强度值小于 1 以外，其他年份的干旱强度值均大于 1，其中发生中度干旱的年份有 19 年，分别为 1994—1998 年、2000—2002 年、2004—2014 年，占总年份的 79%。

综上，夏季干旱强度呈上升的趋势，向干旱化发展。春季、秋季和冬季均呈下降的趋势，且春季下降趋势最明显，表明春季较湿润。

5.3.5.2　干旱强度空间分析

黄河流域各季节干旱强度空间分布特征图如图 5.16 所示。从图中可以看出，黄河流域大部分区域的季节干旱强度在 1.1～1.4 间波动。因此，本节将综合干旱强度值小于 1.1 的区域定义为低值区，大于 1.4 的区域定义为高值区，不同季节的干旱低强度区和高强度区空间分布差异较大。

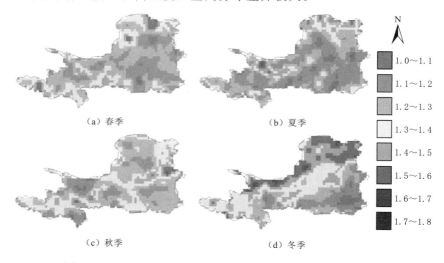

图 5.16　1991—2014 年黄河流域季节干旱强度空间分布特征

春季干旱强度高值区占黄河流域面积的 8.5%，主要集中在青海西部、甘肃南部、内蒙古西部和北部地区，而内蒙古南部、陕西南部和甘肃北部的春旱强度处于低值区，面积占比为 2.0%。

夏季干旱强度的高值区主要分布在青海东北部、甘肃中部和内蒙古北部地区，面积占比为8.3%，强度最大值为1.51；低值区面积占比为5.13%，主要集中在内蒙古西部、陕西省和山西省北部地区。

秋季干旱高强度区域面积占比仍然较小，约为8.7%，主要集中在甘肃西部、陕西中部和山西北部地区；而青海北部和东南部、甘肃北部处于秋旱强度低值区，仅占黄河流域面积的1.2%，干旱强度最低值为0.82。

冬季干旱强度的高值区面积相对较大，约占黄河流域面积的35.0%，沿黄河流域北部地区呈东西带状分布，最大干旱强度值达1.88，说明相比其他季节，冬季干旱强度较大，且高强度干旱面积较大，这与冬季干旱发生范围统计结果一致；低值区面积仅占黄河流域面积的3.2%，主要集中在陕西南部和山西南部地区。

5.3.6　干旱频率空间特征

干旱频率是度量干旱状况的关键指标，黄河流域轻度干旱、中度干旱以及重度干旱事件频率的空间分布特征如图5.17所示，明确了黄河流域的干旱易发区。从图中可以看出，黄河流域轻旱、中旱、重旱的干旱频率波动幅度在10%~24%之间，因此，干旱频率低于10%的区域定义为低频区，高于24%的区域定义为高频区。轻旱的高频区主要出现在青海南部、陕西北部和山西北部地区，面积占比为11.63%；低频区面积占比为13.87%，主要集中在青海北部、甘肃南部以及东部地区。中旱的高频区主要集中在青海东部、甘肃东部地区，面积占比为10.59%；低频区主要集中在青海西部、甘肃北部、宁夏、内蒙古西部和东部地区以及河南地区，面积占比为14.04%。重旱的高频区主要集中在青海和甘肃地区，面积占比为8.18%；低频区主要集中在宁夏北部、内蒙古南部、

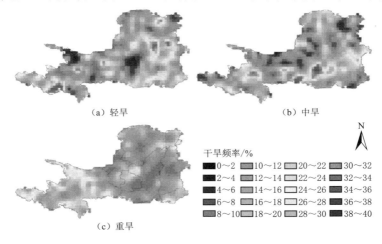

（a）轻旱　　　　　　　　　　　　（b）中旱

干旱频率/%

0~2	10~12	20~22	30~32
2~4	12~14	22~24	32~34
4~6	14~16	24~26	34~36
6~8	16~18	26~28	36~38
8~10	18~20	28~30	38~40

（c）重旱

图5.17　1991—2014年黄河流域不同等级干旱频率空间分布特征

陕西和山西中部地区，面积占比为 8.82%。综上可知，历史时期干旱频率随着干旱等级的升高而降低，轻度干旱所占的比例较大，中旱次之，重旱最少。

黄河流域季节干旱频率的空间分布特征如图 5.18 所示。由图可知，黄河流域春季、夏季和秋季的干旱频率保持在 35%～55% 之间，冬季的干旱频率波动范围主要在 55%～80% 之间，因此，季节干旱频率低于 35% 的区域定义为低频区，高于 55% 的区域定义为高频区，且四个季节的高频区和低频区表现出较大的差异。

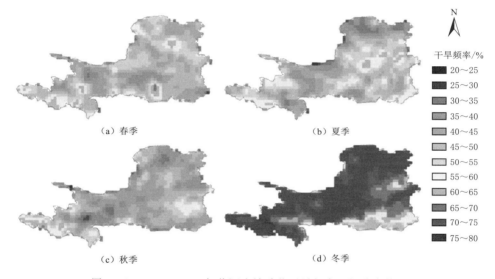

图 5.18　1991—2014 年黄河流域季节干旱频率空间分布特征

春季干旱发生的高频区主要集中在青海东部和南部、甘肃南部、内蒙古南部以及陕西南部地区，占黄河流域面积的 11.5%；而春季干旱的低频区处于较低水平。

夏季干旱高频区面积占比为 14.9%，主要集中在青海、甘肃东部、内蒙古南部、陕西、山西以及河南，干旱频率最高值为 65%；甘肃北部、内蒙古北部地区夏季干旱发生频率较低，面积占比为 5.13%，干旱频率最低值为 20%。

秋季干旱频率的高频区和低频区处于较低水平，面积占比分别为 8.26% 和 3.61%。高频区主要分布在青海西部和南部地区；低频区主要分布在青海北部、青海和甘肃交界处、内蒙古北部地区。

冬季干旱频率在四个季节中达到最大，最高值为 80%，整个黄河流域除了陕西南部和河南南部地区，其他地区均处于高频区，占黄河流域面积的 94.71%。

综合比较图 5.16 和图 5.18 发现，黄河流域在春季、夏季和秋季的综合干旱强度和干旱频率的空间分布特征恰好呈相反状态，如内蒙古南部地区的春旱强度较低，干旱频率却较高；内蒙古北部地区夏季干旱强度较高，干旱频率较低。这表明黄河流域春、夏、秋季同一区域发生低强度干旱事件较频繁，但发生高强度综合干旱事件的概率较小。冬季的综合干旱强度和干旱频率均处于高水平状态，说明冬季较易发生综合干旱事件。

5.4　综合干旱对植被的影响

黄河流域作为生态系统的敏感区，植被生长与干旱之间存在着复杂的响应关系，本书基于归一化植被指数（normalized vegetation index，NDVI）来研究综合干旱对植被的影响，采用最大相关系数和交叉小波分析方法来探讨黄河流域综合干旱对植被的累积效应、时滞效应及其之间的耦合关系。

5.4.1　综合干旱对植被的累积效应

不同累积时间尺度的 $MSDI\_CO_2$ 对 NDVI 影响的相关系数如图 5.19 所示。可以看出，累积 $MSDI\_CO_2$ 与 NDVI 间的相关系数在不同时间尺度上存在较大的差异，累积 $MSDI\_CO_2$ 和 NDVI 的相关关系在 1～2 个月呈现短暂上升趋势，随后至 9 个月保持下降趋势，在 10～12 个月再次呈上升趋势。其中 1～3 个月呈显著相关，最大值出现在 2 个月（$r=0.275$，$p<0.05$），最小值出现在 9 个月（$r=0.042$）。同时可以看出，综合干旱对植被呈正相关影响的面积占比与相关性具有相同的变化趋势，NDVI 与 1 个月时间尺度的 $MSDI\_CO_2$ 显著正相关关系的面积为 86.97%，与 2 个月时间尺度的 $MSDI\_CO_2$ 显著正相关关系的面积占比最大，为 89.92%。随着累积时间尺度的增加，正相关面积占比呈先下降后上升的趋势，在 9 个月最小，为 14.85%，之后又呈上升的趋势，与 12 个月时间尺度的 $MSDI\_CO_2$ 的面积占比为 20.30%。

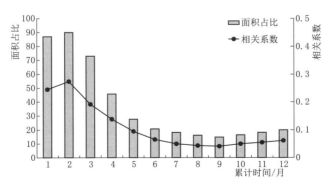

图 5.19　不同累积时间尺度下 $MSDI\_CO_2$ 和 NDVI 的相关
系数及显著相关面积百分比

基于 NDVI 和累积 MSDI_CO$_2$ 的相关分析，1991—2014 年 MSDI_CO$_2$ 与 NDVI 的最大相关系数以及对应的累积时间的空间分布如图 5.20 所示。从图中可以看出，黄河流域植被生长状况对 MSDI_CO$_2$ 的响应程度较高，有 88.92％ 的面积占比呈显著正相关，主要分布在青海、四川、甘肃、宁夏、内蒙古、陕西北部和山西北部地区。综合干旱的时间尺度与最大相关系数有所不同，它反映了干旱对植被影响的敏感性[213]。短时间尺度的 MSDI_CO$_2$ 与植被生长状况的相关性越大，说明干旱对植被的影响越大，反之，说明影响越小。由图可知，最佳累积时间间隔主要为 1 和 2 个月，覆盖黄河流域 93.5％ 的植被；累积时间超过 4 个月的 MSDI_CO$_2$ 与植被具有较高相关性的覆盖面积仅占黄河流域的 6.5％，主要分布在内蒙古西北部、陕西北部和陕西南部地区。

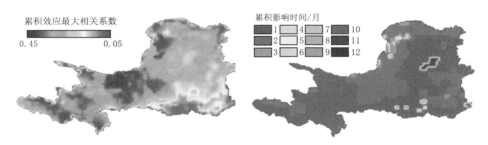

图 5.20　1991—2014 年不同时间尺度 MSDI_CO$_2$ 与 NDVI
间最大相关系数及相应累积时间的空间分布

总体来说，黄河流域 NDVI 对短时间尺度的 MSDI_CO$_2$ 的响应普遍较高，月尺度水分波动对黄河流域植被生长影响较强。

5.4.2　综合干旱对植被的时滞效应

不同滞后时间间隔下一个月时间尺度的 MSDI_CO$_2$ 与 NDVI 的显著相关性及面积百分比如图 5.21 所示。从图中可知，黄河流域综合干旱对植被具有不同的时滞效应，大部分地区干旱对植被的影响滞后时间为 2~3 个月。NDVI 与 MSDI_CO$_2$ 的相关性在滞后 1 个月后迅速增加，滞后 2 个月时达到峰值（$r = 0.291$，$p < 0.05$），随着滞后时间的增加相关系数持续下降，最小值出现在 7 个月（$r = -0.161$），接着从 8 个月开始上升，到 12 个月再次达到峰值（$r = 0.233$，$p < 0.05$）。

从图中可以看出，黄河流域大部分地区的 NDVI 与 MSDI_CO$_2$ 在滞后 1、2、3 个月呈显著正相关，表明黄河流域植被对干旱具有较快的响应。同样地，综合干旱对植被具有显著时滞效应的面积占比与相关性具有相同趋势，NDVI 与滞后 1 个月的 MSDI_CO$_2$ 显著相关性的面积占比为 89.97％，与滞后 2 个月的 MSDI_CO$_2$ 显著相关性的面积占比最大为 95.10％，随着滞后时间的增加，正相

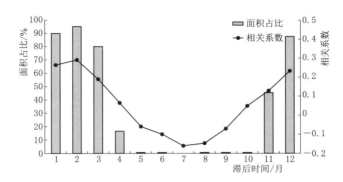

图 5.21　不同滞后时间间隔下 1 个月尺度的 $MSDI\_CO_2$ 和 NDVI 的
相关系数及显著相关面积百分比

关面积占比呈下降的趋势，在滞后 4 个月 NDVI 和 $MSDI\_CO_2$ 显著相关性的面积占比仅为 16.37%，5～9 个月黄河流域综合干旱对植被影响的面积占比相对较低，呈不显著相关，随后又呈上升趋势，在滞后 11 个月和 12 个月的面积占比分别为 45.51% 和 87.88%。

　　基于 NDVI 与 1 个月时间尺度的 $MSDI\_CO_2$ 在时滞范围 1～12 个月上的最大相关系数，可以得到各像元综合干旱对植被状态的时滞效应，如图 5.22 所示。总体上，时滞效应的最大相关系数与累积效应的最大相关系数空间分布较为一致，黄河流域植被生长状况对 $MSDI\_CO_2$ 的响应具有明显的滞后效应，占黄河流域面积 94.30% 的区域呈现出显著滞后特征，主要分布在青海、四川、甘肃、宁夏、内蒙古、陕西北部和山西北部地区。此外，综合干旱对植被影响的滞后时间间隔反映了影响的敏感程度，由图可知覆盖黄河流域面积占比为 82.4% 的植被对综合干旱保持 1～3 个月的滞后时间，其中 2 个月的时滞占黄河流域面积的 56.58%。青海西南部、甘肃东部以及陕西北部、中部和南部地区植被对综合干旱的滞后时间超过 10 个月，占黄河流域的 5.17%，表明这些地区植被对干旱的敏感程度较弱，可能是因为这些地区存在乔灌木和草本植物共生的

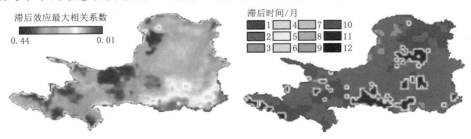

图 5.22　1991—2014 年 1 个月时间尺度 $MSDI\_CO_2$ 与 NDVI 滞后
效应最大相关系数及相应滞后时间的空间分布

状态，抗旱能力较强，使得植被对干旱的响应时间较长。

综上可知，黄河流域综合干旱对植被的影响效应存在差异，综合干旱对大部分植被生长有 1～2 个月的累积影响，且 2 个月时滞效应对植被生长的影响最强。空间上，黄河流域上游地区的影响效应普遍大于中游地区，短时间尺度的 $MSDI\_CO_2$ 对 NDVI 的影响较大，说明月尺度水分波动对黄河流域上游地区植被生长状况影响较强，这与 Zhao 等[214] 的研究结果保持一致。

5.4.3   干旱-植被多时间尺度相关关系

基于交叉小波分析方法，通过计算黄河流域月尺度 NDVI 与最优时间尺度 $MSDI\_CO_2$ 的小波功率谱和凝聚谱，分析综合干旱和植被在时频域上的共振周期特征以及位相关系如图 5.23 所示，揭示它们之间整体和局部的相关程度。图中锥曲线围成的区域表示受小波影响的有效谱区，锥曲线以外的区域因受边界效应的影响忽略不计；锥曲线内黑色粗实线包围区域表示通过 $p = 0.05$ 的显著性检验；箭头方向表示相对位相差，箭头向左表示它们之间存在负相关，箭头向右表示它们之间存在正相关关系，箭头向上表示 NDVI 落后 $MSDI\_CO_2$ 变化 $90°$，即 3 个月，箭头向下表示 NDVI 超前 $MSDI\_CO_2$ 变化 3 个月。

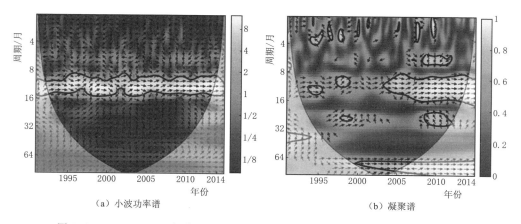

（a）小波功率谱   （b）凝聚谱

图 5.23   1991—2014 年黄河流域月尺度 NDVI 与最优时间尺度 $MSDI\_CO_2$ 的
小波功率谱和凝聚谱

交叉小波功率谱反映的是两个时间序列在高能区的相关程度，由图 5.23（a）可知，黄河流域月尺度 NDVI 与最优时间尺度 $MSDI\_CO_2$ 存在一个显著的共振周期，为 8～16 个月的周期，其中高能量区覆盖整个研究时段（1991—2014 年），位相差表明 NDVI 与 $MSDI\_CO_2$ 之间具有很强的正相关关系。NDVI 与 $MSDI\_CO_2$ 在 1～8 个月短期振荡周期的位相关系较为混乱，16～48 个月的共振周期不显著，其中 1993—1999 年位相差表明 NDVI 和 $MSDI\_CO_2$ 间呈现正相关关系，且滞后 $MSDI\_CO_2$ 变化 1.5 个月；2000—2004 年位相差表明 NDVI 滞后 MSDI_CO$_2$ 变化 3 个月；2009—2014 年呈现近似负相关关系。

交叉小波凝聚谱则呈现出两个时间序列在中低能量区的相关程度，由图 5.23（b）可知，NDVI 与 MSDI_CO$_2$ 之间存在 3 个显著性共振周期，分别为 1992—2010 年 1～4 个月的周期，1994—2013 年 6～32 个月的周期和叠加在 2000—2007 年大于 64 个月的周期，这些区域揭示了高能量区被遗漏的显著共振周期。其中 1992—2010 年的 1～4 个月的短期间接性振荡周期位相关系混乱；1994—2013 年 8～16 个月的周期位相表现为近似正相关关系；2000—2007 年大于 64 个月的周期位相呈现正相关关系；2009—2011 年 16～32 个月的周期位相表示 NDVI 落后 MSDI_CO$_2$ 变化 3 个月。

综上所述，黄河流域综合干旱与植被生长状况在中长时间尺度上表现出相对稳定的显著正相关关系，在小于 8 个月的短时间尺度上的相关关系特征较为混乱。

5.5　本　章　小　结

本章基于黄河流域降水、考虑 CO$_2$ 的潜在蒸散发、土壤水和径流等多个气象水文要素，采用 Copula 方法构建了综合干旱指数（MSDI_CO$_2$），利用气象、水文、农业干旱指数以及旱灾记录验证该指数在黄河流域的适用性。随后，基于 MMK、ESMD 等方法分析了黄河流域 1991—2014 年综合干旱的时空变化特征及其周期特征。最后，基于相关系数和交叉小波方法深入探究了黄河流域综合干旱对植被的影响效应。得到以下主要结论：

（1）文中采用的经验 Copula 函数能够较为全面地考虑多个变量之间的非线性相关结构，充分融合各气象水文要素边缘分布的多维概率信息。构建的综合干旱指数 MSDI_CO$_2$ 综合了气象、水文、农业三方面的干旱信息，能够更加准确地表征干旱状况。

（2）综合干旱指数 MSDI_CO$_2$ 能够像 SPEI_CO$_2$、SRI 和 SSMI 各单类型干旱指数一样较好地监测到干旱的开始、持续时间、结束等特征；综合干旱指数 MSDI_CO$_2$ 捕捉到的干旱事件与黄河流域历史旱灾记载相吻合，且能够较好地反映黄河流域受灾/成灾范围；同时，研究发现 MSDI_CO$_2$ 指数还具有一定的干旱预警能力。

（3）1991—2014 年黄河流域综合干旱呈减缓趋势，四季综合干旱呈减缓趋势的面积占比分别为 67.20%、66.48%、96.39% 和 73.22%，春季、夏季和冬季呈湿润化趋势的区域主要集中在上游前段区域，秋季呈显著湿润化的区域沿流域大致呈西南—东北方向分布。黄河流域综合干旱具有 3 个月的主周期，分量 IMF1 决定着黄河流域月尺度 MSDI_CO$_2$ 的变化趋势。

（4）1991—2014 年黄河流域综合干旱频率随着干旱等级的升高而降低，夏季干旱强度呈上升的趋势，春季、秋季和冬季均呈下降的趋势。春季、夏季和秋季的综合干旱强度和干旱频率的空间分布特征呈相反状态，冬季的空间分布特征相似，表现为自西北向东南呈下降趋势。

（5）黄河流域短时间尺度的 MSDI_CO$_2$ 对 NDVI 的影响较大，综合干旱对大部分植被生长有 1～2 个月的累积影响，且 2 个月时滞效应对植被生长的影响最强，黄河流域上游地区的影响效应普遍大于中游地区。黄河流域综合干旱与植被生长状况在中长时间尺度上表现出相对稳定的显著正相关关系，在小于 8 个月的短时间尺度上表现为正负波动的相关关系特征。

基于三维视角的黄河流域综合干旱动态演变及发展规律预测

干旱作为自然灾害的一种，其暴发性和危害性表现出一定的区域性特征。如何展现干旱随时间推移的变化过程，如何准确描述和捕捉干旱的真实状态对研究区产生了重要影响。基于第 5 章构建的综合干旱指数 $MSDI\_CO_2$，本章选取 CMIP6 中 SSP245 和 SSP585 两种气候情景下的 $MSDI\_CO_2$ 分别从时间和空间尺度上预估黄河流域干旱时空演变特征。利用三维识别方法提取干旱特征变量（历时、烈度、面积、迁移距离），追踪典型干旱事件时空连续的动态演变过程，揭示黄河流域综合干旱发展趋势。最后，基于干旱特征变量的最优边缘分布，利用 Copula 函数建立多变量联合分布对干旱多特征频率进行分析。

6.1 研 究 方 法

6.1.1 干旱事件三维识别方法

干旱演变实质上是一种时间和空间的连续事件，本书基于干旱事件三维识别方法[132,215] 从综合干旱指数（$MSDI\_CO_2$）的"经度-纬度-时间"三维矩阵中提取干旱事件，实现对干旱事件时空特征的真实描述。$MSDI\_CO_2$ 的三维矩阵可表示为 $MSDI\_CO_2$（i，j，t），i 为经度信息，j 为纬度信息，t 为时间信息。本节基于三维干旱指数栅格矩阵，采用干旱斑块识别和干旱斑块时程连接对三维干旱事件进行识别。

1. 干旱斑块空间识别

采用阈值法对干旱指标二维矩阵中指标值小于给定阈值（本书为－1）的栅格进行标记，然后利用 3×3 九宫格滤波对空间上相邻栅格进行搜寻，根据搜索结果判断是否发生干旱进行类别划分，即某一栅格周围同样识别出发生干旱的栅格属于同一场干旱事件，进行合并，构成一个干旱斑块。如果当前干旱栅格的邻近位置搜索不到其他干旱栅格，则标记一个新的编号用于下一个干旱斑块创建，如此循环迭代，直到搜索不到新的干旱栅格为止，按照上述方法逐月搜索，可以得到多个面积不同的干旱斑块，对其进行不同的编号，干旱斑块识别示意图如图 6.1 所示。实际应用中，人们较为关注干旱面积广且持续时间长的干旱事件，因此，需要预先给定一个最小干旱斑块面积阈值 A，通过比较识别的干旱斑块面积与阈值 A 的大小来判定它们是否构成一场干旱事件，若大于阈值 A，则判定构成一次干旱事件，如图中的 A_1 和 A_2；若小于阈值 A，该干旱斑块可以忽略不计，如图中的 A_3 和 A_8。

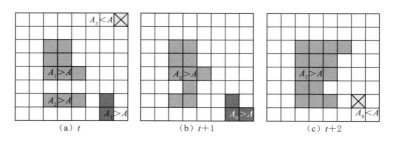

图 6.1 干旱斑块识别示意图

2. 干旱斑块时程连接

逐月的干旱斑块识别结束后，首先判断干旱斑块之间是否存在时间联系，是否构成一次连续的干旱事件。干旱斑块时程连接示意图如图 6.2 所示。假如第 t 时刻与第 $t+1$ 时刻任意干旱斑块的重合面积（A^*）大于阈值 A，表明干旱斑块 A_t 和 A_{t+1} 在时间上是连续的，隶属于同一场干旱事件，如图中 A_1 和 A_5；若重合面积小于阈值 A，表明干旱斑块 A_t 和 A_{t+1} 不属于同一场干旱事件，如图中 A_6 和 A_8。接着，按照时间顺序依次判断相邻两时刻任何一对干旱斑块间的重合面积，直到重合面积小于 A 时判定此次干旱事件结束，对属于同一场干旱事件的干旱斑块进行整合并编码相同编号。重复上述步骤，将经纬度层面的干旱斑块在时程上连接，形成三维干旱指标连续体，从而获取多场三维干旱事件。

干旱事件三维识别中的最小面积阈值 A，是该方法中用到的唯一参数，A 的大小对干旱识别结果具有重要影响。当 A 过大时会忽略掉一些中度干旱事件而造成对旱情的误判，当 A 过小会将不相干的干旱事件联系一起，被认为同一场干旱。相关研究[132,216] 表明，最小面积阈值 A 取值约占研究区域面积的 1.6% 最为合适。

本书采用干旱事件三维方法提取出来的干旱历时（D）、干旱面积（A）、干旱烈度（S）、干旱中心（C）、干旱迁移距离（ML）和干旱迁移方向（MO）等时空特征变量来反映综合干旱时空连续动态演变过程（如图 6.3 所示）。

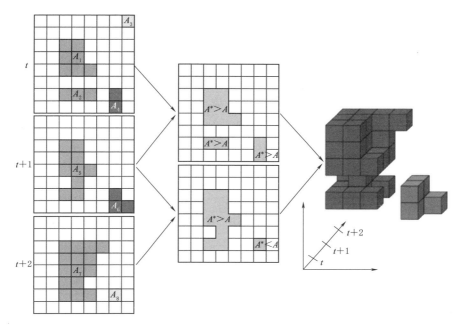

图 6.2　干旱斑块时程连接示意图

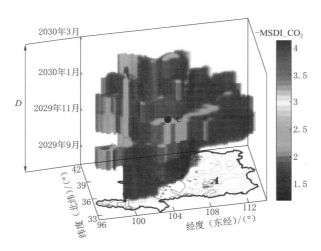

图 6.3　干旱事件三维空间连续体及特征变量示意图

各干旱特征变量定义如下：

1）干旱历时，一场干旱持续时间。三维连续体的高度 D 代表干旱历时。

2）干旱面积，三维干旱连续体在二维地理坐标平面上的垂直投影面积。

3）干旱烈度，一场干旱事件的缺水程度，用三维干旱连续体所有栅格体积之和表示。

4）干旱中心，一场干旱事件在经度–纬度–时间三维空间中的位置。三维空间连续体质心 C 代表干旱中心。

5）干旱迁移距离，干旱事件中相邻两月干旱中心的迁移距离，可通过相邻两月干旱中心的经纬度坐标换算得到，逐月干旱迁移距离之和即可得到整场干旱事件的迁移距离。计算公式如下：

$$\Delta X = 110.94 \times \cos\left(Y_t \times \frac{\pi}{180}\right) \times (X_{t+1} - X_t)$$
$$\Delta Y = 110.94 \times (Y_{t+1} - Y_t) \tag{6.1}$$
$$L = \sqrt{\Delta X^2 + \Delta Y^2}$$

式中：L 为相邻两月干旱中心的迁移距离，km；ΔX 和 ΔY 为干旱中心沿经度和纬度方向从 t 月到 $t+1$ 月的迁移距离；X_t 和 X_{t+1} 分别为干旱中心在 t 月和 $t+1$ 的经纬度坐标；Y_t 和 Y_{t+1} 分别为干旱中心在 t 月和 $t+1$ 月的经纬度坐标。

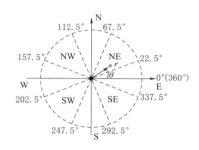

图 6.4　干旱迁移方向示意图

6）干旱迁移方向，利用第一个和最后一个干旱斑块的质心分别确定初始和结束位置，由开始和结束的相对位置来判断干旱事件的迁移方向。本书包括东、东北、北、西北、西、西南、南、东南共 8 个方位，如图 6.4 所示，图中原点位置代表干旱事件开始位置，r 点代表干旱事件结束位置，θ 为干旱开始、结束位置连线与横轴正方向的夹角，通过判断 θ 的大小确定干旱迁移方向，判别准则见表 6.1。

表 6.1　干旱迁移方向判别准则

序　号	判　别　准　则	迁　移　方　向
1	$0° < \theta < 22.5°$ 或 $337.5° < \theta < 360°$	东（E）
2	$22.5° < \theta < 67.5°$	东北（NE）
3	$67.5° < \theta < 112.5°$	北（N）
4	$112.5° < \theta < 157.5°$	西北（NW）
5	$157.5° < \theta < 202.5°$	西（W）
6	$202.5° < \theta < 247.5°$	西南（SW）
7	$247.5° < \theta < 292.5°$	南（S）
8	$292.5° < \theta < 337.5°$	东南（SE）

最后，基于干旱时空特征变量识别结果对未来某一时段黄河流域发生干旱的严重程度以及动态演变规律进行预测，模拟典型干旱事件的动态迁移过程。

6.1.2　基于 Copula 函数的多变量频率分析

6.1.2.1　变量间相依性度量及边缘分布函数选择

变量间的相依性是 Copula 函数构造联合分布的前提，是衡量两个变量间的密切程度。本书分别采用 Pearson 和 Kendall 相关系数法来度量变量间的相关性结构[217]，计算如下。

（1）Pearson 相关系数。

存在两组样本 $X=(x_1, x_2, \cdots, x_n)$ 和 $Y=(y_1, y_2, \cdots, y_n)$，则 Pearson 相关系数 r 的计算如下：

$$r=\frac{\sum\limits_{i=1}^{n}(x_i-x')(y_i-y')}{\sqrt{\sum\limits_{i=1}^{n}(x_i-x')^2}\sqrt{\sum\limits_{i=1}^{n}(y_i-y')^2}} \tag{6.2}$$

式中：x' 和 y' 分别为 X、Y 的平均值；n 为样本数。r 值越接近于 1，两组序列的相关性越强，反之相关性越弱。

（2）Kendall 秩相关系数。

假设两组随机变量 W 和 U 的个数均为 n，取两组随机变量的第 i 和第 j 个值分别为 W_i、W_j、U_i、U_j。如果 $W_i>W_j$ 且 $U_i>U_j$，或者 $W_i<W_j$ 且 $U_i<U_j$，则两元素变化是一致的，反之不一致，Kendall 秩相关系数 τ 的公式为

$$\tau=\frac{2}{n(n-1)}\sum_{1\leqslant i\leqslant j}^{n}sign \tag{6.3}$$

$$sign=\begin{cases}1,(W_i-W_j)(U_i-U_j)>0\\0,(W_i-W_j)(U_i-U_j)=0\\-1,(W_i-W_j)(U_i-U_j)<0\end{cases} \tag{6.4}$$

当 $\tau>0$，表示随机变量 W 和 U 呈正相关；当 $\tau<0$，表示随机变量 W 和 U 呈负相关；当 $\tau=0$ 时，表示两变量是相互独立的，不存在相关关系。

干旱特征变量的边缘分布是选择 Copula 函数和计算参数的关键步骤。本书选取伽马分布（Gam）、皮尔逊Ⅲ型分布（P-Ⅲ）、对数逻辑分布（LogL）、对数正态分布（LogN）、广义极值分布（GEV）、广义帕累托分布（GP）和韦伯分布（Wb）7 种常用的线型对识别出来的干旱特征变量进行累积概率配线，累积分布函数见表 6.2。

本书采用 K－S（Kolmogorov-Smirnov）和 A－D（Anderson-Darling）检验方法对其进行拟合优度检验以确定干旱历时、烈度、面积、迁移距离的最优边缘概率分布函数。

表 6.2　　　　　　　　　　　　　　累 积 概 率 分 布 函 数

分布类型	累计概率分布函数	参　数
Gam	$F(x) = \dfrac{\Gamma_{x/\beta}(\alpha)}{\Gamma(\alpha)}$	α:形状参数; β:尺度参数
LogL	$F(x) = \left[1 + \left(\dfrac{\beta}{x-r}\right)^{\alpha}\right]^{-1}$	α:形状参数$(\alpha>0)$; β:尺度参数$(\beta>0)$; r:位置参数
LogN	$F(x) = \Phi\left[\dfrac{\ln(x-r)-u}{\delta}\right]$	δ:形状参数; u:尺度参数; r:位置参数
Wb	$F(x) = 1 - \exp\left[-\left(\dfrac{x-r}{\beta}\right)^{\alpha}\right]$	α:形状参数; β:尺度参数; r:位置参数
P—Ⅲ	$F(x) = \dfrac{\int_0^{\frac{x-u}{\beta}} t^{\alpha-1}\exp(-t)\,\mathrm{d}t}{\Gamma(\alpha)}$	α:形状参数; β:尺度参数; u:位置参数
GEV	$F(x) = \begin{cases} \exp\left\{-\left[1+k\left(\dfrac{x-u}{\delta}\right)^{-\frac{1}{k}}\right]\right\}, k\neq 0 \\ \exp\left[-\exp\left(-\dfrac{x-u}{\delta}\right)\right], k=0 \end{cases}$	k:形状参数; δ:尺度参数$(\delta>0)$; u:位置参数
GP	$F(x) = \begin{cases} 1-\left[1+k\dfrac{x-u}{\delta}\right]^{-\frac{1}{k}}, k\neq 0 \\ 1-\exp\left[-\dfrac{x-u}{\delta}\right], k=0 \end{cases}$	k:形状参数; δ:尺度参数$(\delta>0)$; u:位置参数

6.1.2.2　Copula 函数优选

干旱频率分析可通过 Copula 函数构建不同干旱特征变量边缘分布的联合概率来实现，Copula 函数具有不受相关变量数量和边缘分布类型约束的优点，从而得到了广泛应用[218-219]。Copula 理论是 Sklar 于 1959 年提出的，通过联合不同变量的边缘分布函数进行多变量间的相依性度量和联合概率计算。Sklar 定理如下：若存在 n 维连续随机变量 $X = (x_1, x_2, \cdots, x_n)$，其边缘累积概率分布函数分别为 $F_1, F_2, \cdots, F_n$，则存在一个 Copula 函数 C，使得 X 的联合概率分布函数 $G(X)$ 满足：

$$G(X) = C[F_1(x_1), F_2(x_2), \cdots, F_n(x_n)], x \in R^n \tag{6.5}$$

一个 n 维 Copula 是 $[0, 1]^n \rightarrow [0, 1]$ 上的映射，特征如下：若对任意 $i<n$，$F_i=0$，则 $C(F_1, F_2, \cdots, F_n) = 0$。$C(F_1, F_2, \cdots, F_n)$ 是一个单调递增函数。Copula 函数的种类较多，本书选取常用的阿基米德 Copula 中的 4 个子类

型，分别为 Frank、Clayton、Gumbel、Joe 作为预选函数来构建干旱特征变量的联合分布，其函数和参数取值范围见表 6.3。

表 6.3　　　　　　**Copula 函数表达式及参数取值范围**

Copula	函　数　表　达　式	参　　数
Frank	$C_F(u_1,u_2,\cdots,u_d;\theta)=-\dfrac{1}{\theta}\ln\left[1+\dfrac{\prod\limits_{j=1}^{d}e^{-\theta u_j-1}}{(e^{-\theta}-1)^{d-1}}\right]$	$\theta\in R,\theta\neq0$
Clayton	$C_C(u_1,u_2,\cdots,u_d;\theta)=\left[\left(\sum\limits_{j=1}^{d}u_j^{-\theta}\right)-d+1\right]$	$\theta\in[-1,\infty),\theta\neq0$
Gumbel	$C_G(u_1,u_2,\cdots,u_d;\theta)=\exp\left\{-\left[\sum\limits_{j=1}^{d}(-\ln u_j)^{\theta}\right]^{\frac{1}{\theta}}\right\}$	$\theta\in[1,\infty)$
Joe	$C_J(u_1,u_2,\cdots,u_d;\theta)=1-\left[\sum\limits_{j=1}^{d}(1-u_j)^{\theta}-\prod\limits_{j=1}^{d}(1-u_j)^{\theta}\right]^{\frac{1}{\theta}}$	$\theta\in[-1,\infty)$

采用 $i\text{-}tau$ 方法估计 Copula 函数参数，利用 RMSE、AIC、BIC 等方法对其进行优度检验，对不同干旱变量组合的联合概率分布选择最合适的 Copula 函数。RMSE、AIC、BIC 计算公式如下：

$$RMSE=\sqrt{\frac{1}{n}\sum_{i=1}^{n}\left[P_c(i)-P_0(i)\right]^2} \qquad (6.6)$$

$$AIC=n\cdot\ln(MSE)+2m \qquad (6.7)$$

$$BIC=n\cdot\ln(MSE)+m\cdot\ln(n) \qquad (6.8)$$

$$MSE=\frac{1}{n-m}\sum_{i=1}^{n}\left[P_c(i)-P_0(i)\right]^2 \qquad (6.9)$$

式中：n 为样本数；m 为 Copula 函数的参数个数；MSE 为均方误差。$RMSE$、AIC 和 BIC 的值越小，表示拟合程度越优。

6.1.2.3　多变量频率分析

基于以上步骤，得到不同干旱特征变量的最优边缘分布函数和不同干旱特征变量组合的最优 Copula 函数，从而可以计算出不同变量组合的联合概率及条件概率。D 表示干旱历时、S 表示干旱烈度、A 表示干旱面积、ML 表示干旱迁移距离，则对应的单变量和多变量的累积概率函数分别为

$$F_d(d)=P(D\leqslant d),F_s(s)=P(S\leqslant s) \qquad (6.10)$$

$$F_a(a)=P(A\leqslant a),F_{ml}(ml)=P(ML\leqslant ml) \qquad (6.11)$$

$$F(d,s)=C\left[F_d(d),F_s(s),\theta_{ds}\right] \qquad (6.12)$$

$$F(d,s,a)=C\left[F_d(d),F_s(s),F_a(a),\theta_{dsa}\right] \qquad (6.13)$$

$$F(d,s,a,ml)=C\left[F_d(d),F_s(s),F_a(a),F_{ml}(ml),\theta_{dsaml}\right] \qquad (6.14)$$

式中：$F_d(d)$、$F_s(s)$、$F_a(a)$、$F_{ml}(ml)$ 分别为干旱历时、烈度、面积、迁移距离的边缘概率分布；C 为 Copula 联合分布函数；θ 为 Copula 函数参数。

干旱特征变量间的联合发生概率分"和"（and）以及"或"（or）两种情况。"和"情况表示的是 D 和 S 和 A（D 和 S、D 和 A、S 和 A）同时超过某一特定值的联合发生概率，记为 P_{DSA}^{and}；"或"情况表示的是 D 或 S 或 A（D 或 S、D 或 A、S 或 A）中的一个超过某一特定值的联合发生概率，记为 P_{DSA}^{or}。计算公式可表示为[220]

$$P_{DS}^{and} = P(D>d \cap S>s) = 1 - F_D(d) - F_S(s) + C[F_D(d), F_S(s)] \tag{6.15}$$

$$P_{DS}^{or} = P(D>d \cup S>s) = 1 - C[F_D(d), F_S(s)] \tag{6.16}$$

$$P_{DSA}^{and} = P(D>d \cap S>s \cap A>a) = 1 - F_D(d) - F_S(s) - F_A(a) + C[F_D(d), F_S(s)] + C[F_D(d), F_A(a)] + C[F_S(s), F_A(a)] - C[F_D(d), F_S(s), F_A(a)] \tag{6.17}$$

$$P_{DSA}^{or} = P(D>d \cup S>s \cup A>a) = 1 - C[F_D(d), F_S(s), F_A(a)] \tag{6.18}$$

干旱特征变量取极值的条件概率对水资源规划和管理具有重要价值[221]，例如，给定干旱历时 $D \geq d$ 时，干旱烈度 $S>s$ 的条件概率分布为

$$P(D \geq d | S \geq s) = \frac{F(D \geq d, S \geq s)}{F(S \geq s)} = \frac{1 - F_D(d) - F_S(s) + C[F_D(d), F_S(s)]}{1 - F_S(s)} \tag{6.19}$$

类似的，给定条件 $S \geq s$ 且 $A \geq a$ 时，干旱历时 $D>d$ 的条件概率分布为

$$
\begin{aligned}
F(D \geq d | S \geq s, A \geq a) &= \frac{F(D \geq d, S \geq s, A \geq a)}{F(S \geq s, A \geq a)} \\
&= \frac{1 - F_D(d) - F_S(s) - F_A(a) + C[F_D(d), F_S(s)]}{1 - F_S(s) - F_A(a) + C[F_S(s), F_A(a)]} \\
&\quad + \frac{C[F_D(d), F_A(a)] + C[F_S(s), F_A(a)] - C[F_D(d), F_S(s), F_A(a)]}{1 - F_S(s) - F_A(a) + C[F_S(s), F_A(a)]}
\end{aligned} \tag{6.20}
$$

最后，根据联合概率可以求得相应的联合重现期。

$$T_{ds} = \frac{\mu}{P(D \geq d \cup S \geq s)} = \frac{\mu}{1 - C[F_d(d), F_s(s)]} \tag{6.21}$$

$$T_{dsa} = \frac{\mu}{P(D \geq d \cup S \geq s \cup A \geq a)} = \frac{\mu}{1 - C[F_d(d), F_s(s), F_a(a)]} \tag{6.22}$$

$$
\begin{aligned}
T_{dsaml} &= \frac{\mu}{P(D \geq d \cup S \geq s \cup A \geq a \cup ML \geq ml)} \\
&= \frac{\mu}{1 - C[F_d(d), F_s(s), F_a(a), F_{ml}(ml)]}
\end{aligned} \tag{6.23}
$$

式中：μ 为干旱事件平均时间间隔。

6.2　综合干旱时空演变特征预估

6.2.1　时间变化特征

SSP245 和 SSP585 气候情景下黄河流域 MSDI_CO$_2$ 的季节变化趋势如图 6.5 所示，在 SSP245 和 SSP585 气候情景下，2021—2070 年黄河流域春季 MSDI_CO$_2$ 均呈上升趋势，其中 SSP245 气候情景上升速率为 0.011/10a，SSP585 气候情景增加速率较低，为 0.006/10a，表明春季在未来气候情景下呈现变湿的趋势。而夏季、秋季和冬季未来气候情景下 MSDI_CO$_2$ 序列均呈下降趋势，即表现出不同程度的变干趋势，其中夏季下降速率最快，SSP245 气候情景下降速率为 −0.111/10a，SSP585 情景下降速率为 −0.129/10a，说明夏季干旱化程度较明显；秋季在 SSP245 和 SSP585 情景下 MSDI_CO$_2$ 均以 −0.035/10a 的速率下降；冬季 SSP245 情景和 SSP585 情景下 MSDI_CO$_2$ 下降速率分别为 −0.013/10a 和 −0.063/10a，SSP585 情景下干旱化程度大于 SSP245 情景。

综上所述，未来气候情景下黄河流域春季呈现变湿趋势，夏季、秋季和冬季均呈现变干趋势，SSP245 情景下干旱化程度夏季＞秋季＞冬季；SSP585 情景下干旱化程度夏季＞冬季＞秋季。

SSP245 和 SSP585 气候情景下黄河流域未来初期（2021—2040 年）和中期（2041—2070 年）MSDI_CO$_2$ 序列的变化趋势见表 6.4。月尺度上，SSP245 情景下未来初期呈现干旱化的月份有 5—7 月和 10 月，其余月份均呈现出湿润化趋势，其中 7 月呈现显著变干趋势（$p=0.05$），2 月的变湿趋势通过 $p=0.1$ 的显著性检验；未来中期 3 月和 8 月呈现干旱化，其中 8 月变干趋势通过 $p=0.1$ 的显著性检验，而 5 月呈现显著湿润化趋势（$p=0.05$）。SSP585 情景下未来初期 1 月、3 月、6 月、7 月、8 月、9 月、10 月、11 月和 12 月均呈现出干旱化趋势，其中 3 月和 10 月呈现显著变干趋势（$p=0.05$）；未来中期变干的月份有 1 月、2 月、3 月、4 月、6 月、7 月、9 月、10 月和 11 月，其中 10 月呈现显著变干趋势（$p=0.1$）。SSP585 情景下 2021—2070 年间 1 月、3 月、6 月、7 月、9 月、10 月和 11 月 MSDI_CO$_2$ 序列均呈现干旱化趋势，表明该情景下黄河流域未来发生干旱的可能性较高。

从不同季节来看，春季和冬季，未来初期两种情景下 MSDI_CO$_2$ 均呈湿润化趋势，且 SSP585 情景下春季湿润化程度最显著（$p=0.05$）；夏季和秋季，SSP245 情景下呈现变干的趋势，且夏季干旱化趋势大于秋季。未来中期，SSP245 和 SSP585 情景下除春季呈湿润化趋势，其他季节均呈现干旱化趋势，秋季均通过 $p=0.05$ 的显著性检验，且 SSP245 情景下干旱化趋势大于 SSP585 情景。

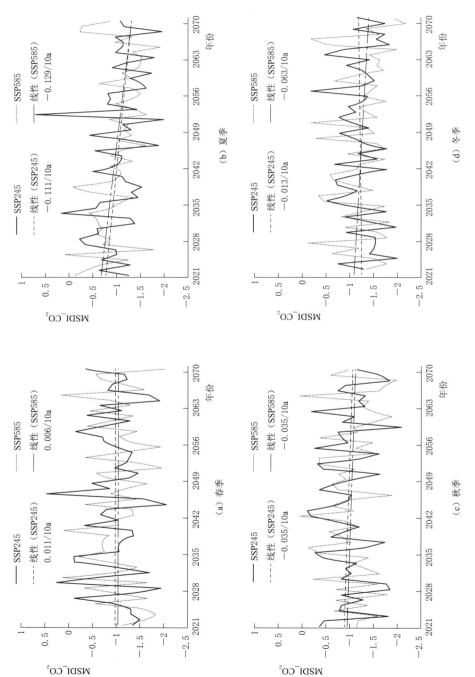

图 6.5　SSP245 和 SSP585 气候情景下黄河流域 $MSDI\_CO_2$ 的季节变化趋势

表 6.4　SSP245 和 SSP585 气候情景下黄河流域未来初期（2021—2040 年）

和中期（2041—2070 年）MSDI_CO$_2$ 序列的变化趋势

MSDI_CO$_2$ 序列	SSP245		SSP585	
	初期	中期	初期	中期
1 月	0.29	1.65	−0.96	−0.61
2 月	2.30**	0.88	0.18	−0.86
3 月	1.59	−0.88	−2.07**	−0.89
4 月	0.68	1.01	1.50	−0.11
5 月	−0.03	2.24**	0.25	1.25
6 月	−0.42	0.55	−0.11	−0.86
7 月	−1.91*	0.36	−0.07	−1.43
8 月	1.01	−1.85*	−1.39	1.46
9 月	0.36	1.01	−0.82	−0.43
10 月	−1.01	0.62	−2.18**	−1.95*
11 月	0.29	1.14	−1.28	−1.07
12 月	0.49	0.42	−1.11	0.01
春季	0.81	0.29	2.24**	0.43
夏季	−0.81	−1.39	−1.01	−0.29
秋季	−0.68	−2.57**	1.27	−2.21**
冬季	1.27	−0.96	1.40	−1.22

注　"*"和"**"分别表示结果通过 0.1 和 0.05 的显著性检验。

6.2.2　空间变化特征

绘制 SSP245 和 SSP585 气候情景下黄河流域未来时期 MSDI_CO$_2$ 序列变化趋势 Z 值的空间分布特征如图 6.6 所示。从不同排放情景来看，SSP245 情景下春季 MSDI_CO$_2$ 序列呈上升趋势的区域占黄河流域的 66.96%，主要集中在甘肃、宁夏、内蒙古、陕西、山西以及河南地区，这些区域表现出湿润化趋势，且仅有 5.99% 的区域通过 $p=0.1$ 显著性检验；MSDI_CO$_2$ 序列呈现干旱化趋势的面积占比为 32.16%，其中通过 $p=0.05$ 和 $p=0.01$ 显著性检验的区域面积占比分别为 14.46% 和 4.74%，均集中在青海中部地区。SSP585 情景下春季 MSDI_CO$_2$ 序列呈上升趋势的区域占黄河流域的 49.08%，主要集中在甘肃南部、宁夏、陕西、山西和河南地区，其中通过 $p=0.05$ 显著性检验的区域面积占比为 11.93%，主要集中在陕西南部地区；MSDI_CO$_2$ 序列呈现干旱化趋势的面积占比为 49.48%，主要集中在青海、甘肃北部和内蒙古地区，其中仅有 8.75% 的面积通过 $p=0.1$ 的显著性检验。综上，春季黄河流域干旱化的面积随着排放情景的增多呈增加趋势，且干旱化区域由西南向东北扩散。与历史时期相比，干旱化区域的面积有所增加。

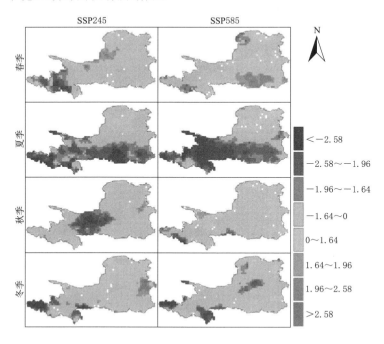

图 6.6　SSP245 和 SSP585 气候情景下黄河流域未来时期 MSDI_CO$_2$
序列变化趋势 Z 值空间分布特征

　　两种排放情景下黄河流域夏季 MSDI_CO$_2$ 序列在空间上主要以干旱化趋势发展。SSP245 情景下夏季 MSDI_CO$_2$ 序列仅在内蒙古中南部地区表现湿润化趋势，面积占比为 7.78%；其余地区 MSDI_CO$_2$ 序列均呈现干旱化趋势，面积占比为 91.98%，其中通过 $p=0.1$、$p=0.05$、$p=0.01$ 显著性检验的面积占比分别为 18.92%、22.76%、9.33%，从西向东分布在研究区南部地区；SSP585 情景下夏季 MSDI_CO$_2$ 序列呈现上升趋势的区域主要集中在内蒙古南部和东部小部分地区，面积占比仅为 7.78%；其余地区 MSDI_CO$_2$ 序列均呈现下降趋势，面积占比为 91.34%，其中通过 $p=0.1$、$p=0.05$、$p=0.01$ 显著性检验的面积占比分别为 12.47%、23.88%、23.35%，主要集中在青海、甘肃、宁夏南部、陕西南部、山西南部和东部以及河南西部地区。综上，夏季两种排放情景下的干旱化趋势几乎覆盖整个黄河流域，且干旱化的面积随着排放情景的增大而增加。与历史时期相比，干旱化区域的面积亦有所增加。

　　SSP245 情景下秋季 MSDI_CO$_2$ 序列占黄河流域 34.56% 的区域呈现出上升

趋势，表现出湿润化特征，主要集中在陕西、山西和河南地区，其中 3.94％的区域通过 $p=0.1$ 显著性检验；$MSDI\_CO_2$ 序列在青海、甘肃、宁夏、内蒙古以及陕西西部小部分地区呈现下降趋势，显著下降的区域主要集中在甘肃和宁夏地区，其中通过 $p=0.1$ 显著性检验的面积占比为 8.23％，通过 $p=0.05$ 显著性检验的面积占比为 15.36％。SSP585 情景下秋季 $MSDI\_CO_2$ 序列呈现湿润化趋势的区域占黄河流域面积的 25.50％，主要分布在青海北部、山西以及河南东部地区；$MSDI\_CO_2$ 序列在青海中东部、甘肃大部、宁夏、内蒙古、陕西以及河南西部地区呈现干旱化趋势，面积占比为 72.98％，其中仅占黄河流域 2.42％的区域通过 $p=0.1$ 的显著性检验。综上，干旱化的面积随着排放情景的增大呈增加的趋势，但干旱化趋势有所减缓。与历史时期相比，干旱化区域的面积亦有所增加。

SSP245 情景下冬季，占黄河流域 67.04％区域的 $MSDI\_CO_2$ 序列呈现出上升趋势，表现出湿润化特征，主要集中在甘肃中东部、宁夏、内蒙古、山西、河南以及陕西地区，其中面积占比为 4.67％的区域通过 $p=0.1$ 显著性检验，面积占比为 3.59％的区域通过 $p=0.05$ 显著性检验；SSP585 情景下 $MSDI\_CO_2$ 序列在黄河流域主要以干旱化趋势发展，面积占比为 92.06％，显著下降的区域主要集中在青海西部和东部以及陕西西北部地区，面积占比约为 6.79％。综上，干旱化的面积随着排放情景的增大呈增加的趋势，干旱化趋势沿黄河流域由西向东扩散，直至覆盖整个黄河流域。与历史时期相比，干旱化区域的面积亦有所增加。

综上所述，SSP245 情景下，黄河流域四季呈现干旱化趋势的面积表现为先增大再减小的特征，且干旱化区域先从西向东扩散再向西移动的演变规律；SSP585 情景下，黄河流域四季呈现干旱化趋势的面积表现为持续增加的特征，且干旱化区域由西北逐渐覆盖整个黄河流域。随着排放情景的增加，干旱化面积也呈增加的趋势，且从西向东移动。与历史时期相比，黄河流域未来季节干旱化面积呈增加趋势。

6.2.3 干旱强度分析

SSP245 和 SSP585 气候情景下黄河流域季节干旱强度时间变化特征如图 6.7 所示。从图中可以看出，春季干旱强度在 SSP245 和 SSP585 情景下均呈下降趋势，未来初期下降速率分别为 $-0.014/a$ 和 $-0.004/a$，未来中期下降速率分别为 $-0.033/a$ 和 $-0.001/a$，表明未来时期黄河流域春季呈湿润化趋势，SSP245 情景下干旱强度下降速率大于 SSP585 情景下，且 SSP245 情景下未来中期下降趋势最为明显。

夏季干旱强度在未来初期 SSP245 和 SSP585 两种气候情景下均呈上升趋势，上升速率分别为 $0.008/a$ 和 $0.004/a$，表明未来初期黄河流域夏季向干旱化发展，

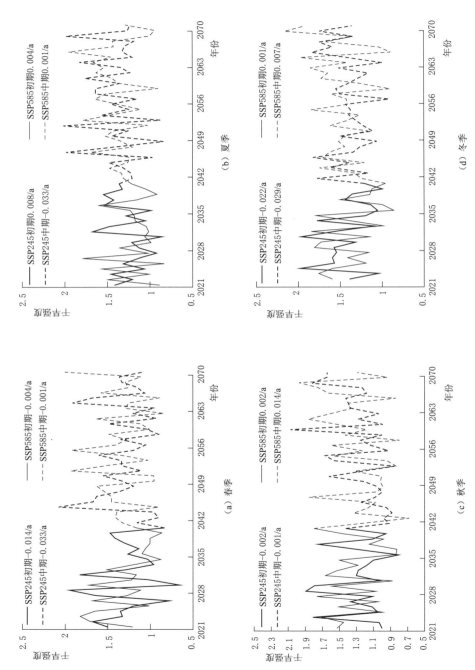

图 6.7 SSP245 和 SSP585 气候情景下黄河流域季节干旱强度时间变化特征

且 SSP245 情景下的干旱化趋势大于 SSP585 情景下；在未来中期，SSP245 情景下以－0.033/a 的速率呈下降趋势，SSP585 情景下以 0.001/a 的速率呈上升趋势。

秋季干旱强度在 SSP245 情景下呈下降趋势，未来初期和中期下降速率分别为－0.002/a 和－0.001/a，说明 SSP245 情景下向湿润化发展，且未来初期湿润化趋势大于未来中期；SSP585 情景下干旱强度呈上升趋势，未来初期和中期上升速率分别为 0.002/a 和 0.014/a，说明 SSP585 情景下秋季呈干旱化趋势，且未来中期干旱化趋势大于未来初期。

冬季干旱强度在 SSP245 情景下呈下降趋势，未来初期和中期下降速率分别为－0.022/a 和－0.029/a；SSP585 情景下呈上升趋势，未来初期和中期上升速率分别为 0.001/a 和 0.007/a，表明黄河流域在 SSP245 情景下呈现湿润化趋势，在 SSP585 情景下呈干旱化趋势，且未来中期干旱强度变化趋势均大于未来初期。

综上所述，SSP245 情景下黄河流域四季干旱强度均呈下降趋势，说明 SSP245 情景下季节干旱向湿润化发展，且春季呈湿润化趋势最为明显，其次是冬季、夏季和秋季。SSP585 情景下，除了春季呈湿润化趋势，其他季节均呈干旱化趋势，且秋季干旱化趋势较为明显。

接下来分析 SSP245 和 SSP585 气候情景下黄河流域年代际干旱强度空间分布特征如图 6.8 所示。由图可知，从不同排放情景来看，黄河流域 2020s—2060s（为书面简洁，本书用 2020s 来表示 21 世纪 30 年代，以此类推）干旱强度空间分布存在显著差异，且不同年代际干旱强度主要集中在 1.2～1.4 之间，因此本书定义干旱强度小于 1.2 的区域是低值区，大于 1.4 的区域是高值区。

SSP245 情景下，2020s 干旱强度高值区主要集中在宁夏北部、内蒙古、陕西中部和山西中部地区，面积占比为 37.37%，干旱强度低值区面积占比很小，为 3.05%，主要分布在青海西部和东部以及甘肃西部；2030s 干旱强度高值区与2020s 分布较一致，高值区面积占比有所减小，为 25.82%，主要集中在宁夏北部、内蒙古大部、陕西北部和山西北部地区，干旱强度低值区面积占比较小，为 5.13%，主要分布在青海中西部、甘肃西部、陕西东部和山西南部地区；2040s 干旱强度空间分布发生改变，干旱强度高值区主要分布在青海南部和东部、甘肃、宁夏、陕西东部、山西南部以及河南省，面积占比为 39.13%，而内蒙古处于干旱强度低值区，面积占比仅为 2.81%；2050s 干旱强度的高值区范围增大，约占黄河流域面积的 51.80%，主要集中在甘肃东部、宁夏、内蒙古中南部、陕西、山西中部以及河南，其中高强度干旱的面积占比为 21.36%，主要集中在宁夏中东部以及内蒙古南部地区；2060s 黄河流域干旱强度空间分布特征以高值区为主，除内蒙古东北部、陕西小部以及山西中部地区，其他区域均处于

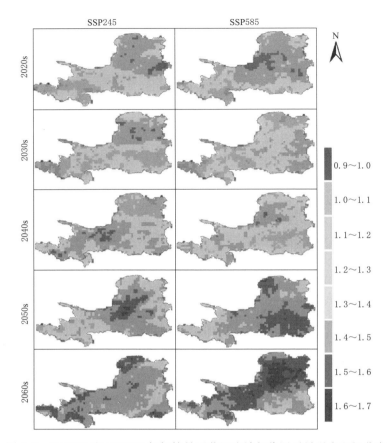

图 6.8   SSP245 和 SSP585 气候情景下黄河流域年代际干旱强度空间分布

高值区，约占黄河流域面积的 83.88%，其中高强度干旱的面积占比为 21.32%，主要分布在青海西部、南部和北部、内蒙古北部以及河南西部地区。

SSP585 情景下，2020s 干旱强度高值区主要集中在甘肃东部、宁夏、内蒙古、陕西中西部和山西中西部地区，面积占比为 52.77%，其中高强度干旱的面积占比为 13.83%，主要集中在宁夏北部、内蒙古西部以及山西小部地区。干旱强度低值区面积占比很小，仅为 2.33%，主要分布在青海地区；2030s 干旱强度高值区比 2020s 明显减少，高值区面积占比为 17.48%，主要集中在宁夏南部、山西大部以及河南等地区，干旱强度低值区面积占比仍较小，为 6.58%，主要分布在青海、甘肃和内蒙古地区；2040s 干旱强度高值区有所增加，面积占比为 24.78%，主要集中在青海和甘肃小部、宁夏北部以及内蒙古西部等地区，仅有 1.52% 面积的干旱强度处于低值区；2050s 干旱强度的高值区范围增大，除青海地区其他地区均处于高值区，面积占比约为 78.19%，其中高强度干旱的面积占比为 34.36%，主要集中在甘肃南部、内蒙古北部、陕西中部、山西南部及河南中西部地区；2060s 黄河流域干旱强度仍然以高值区为主，面积占比约为85.97%，其中高强度干旱的面积占比为 61.10%，主要分布在甘肃、宁夏、内蒙古、陕西北部以及山西北部地区。

　　综上，SSP245 和 SSP585 情景下，黄河流域干旱强度高值区随着时间推移呈增加趋势，且表现出由东北向西南逐渐扩散，直至覆盖整个黄河流域，表明未来时期黄河流域旱情呈现严重化。

6.2.4　干旱频率分析

　　SSP245 和 SSP585 气候情景下黄河流域不同干旱频率年代际变化特征如图6.9 所示。整体来看，未来时期轻旱发生频率呈先增大后减小的变化特征，中旱发生频率变化较为平缓，重旱和特旱发生频率呈波动增加的趋势。SSP245 情景下，2020s—2060s 黄河流域轻旱发生频率在 21.67%～35.80%波动，中旱发生频率范围为 30.00%～40.83%，重旱发生频率范围为 13.33%～21.67%，特旱发生频率较小，最大值为 4.17%。SSP585 情景下，2020s—2060s 黄河流域轻旱发生频率范围为 23.33%～38.33%，中旱发生频率范围为 28.33%～41.67%，重旱发生频率范围为 11.67%～30.00%，特旱发生频率较小，最大值为 2.50%。

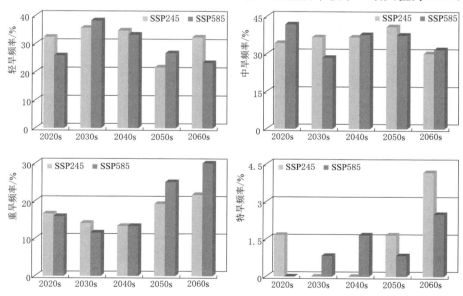

图 6.9　SSP245 和 SSP585 气候情景下黄河流域年代际干旱频率变化特征

　　综上所述，SSP245 和 SSP585 情景下黄河流域容易发生中旱，其次是轻旱和重旱，特旱发生频率相对较低。此外，在未来绝大部分时期，不同等级干旱发生频率随着排放情景的增加而增大。

6.3　基于三维尺度的综合干旱时空动态模拟及预测

6.3.1　综合干旱事件三维识别结果

基于三维干旱识别方法，对 2021—2070 年黄河流域综合干旱指数进行干旱识别，SSP245 和 SSP585 情景下分别识别出了 215 场和 172 场干旱事件，分别占研究时段总月数的 35.83% 和 28.67%。其中干旱历时持续两个月及以上的干旱事件分别有 102 场和 81 场。根据干旱烈度排序，2021—2070 年间黄河流域最严重的前 10 场干旱事件见表 6.5，其中干旱事件编号是根据识别出来的 215 和 172 场干旱事件按照时间序列确定的。SSP245 和 SSP585 情景中 10 场干旱事件的历时均超过 10 个月，干旱影响面积均超过流域面积的 87%。SSP245 情景下最严重的第 208 场干旱事件发生在 2068 年 4 月—2069 年 6 月，干旱烈度为 14.68×10^6 月·km^2，干旱面积为 7.54×10^5 km^2，约占黄河流域总面积的 94.7%，总的迁移距离为 1344.15km，以 89.61km/月的平均速度向东迁移。排在第 2 位和第 3 位的第 11 场（2023 年 2 月—2024 年 8 月）和 115 场（2043 年 12 月—2045 年 6 月）干旱事件的干旱烈度均为 13.59×10^6 月·km^2，干旱持续时间长达 19 个月，干旱面积占比均超过研究区总面积的 94%。

表 6.5　　　　SSP245 和 SSP585 气候情景下黄河流域
2021—2070 年最严重的 10 场干旱事件

气候情景	干旱编号	开始时间	结束时间	历时/月	干旱中心/(°)		面积/10^5 km^2	烈度/(10^6 月·km^2)	迁移距离/km	迁移方向
					经度	纬度				
SSP245	208	2068 年 4 月	2069 年 6 月	15	106.96	37.08	7.54	14.68	1344.15	E
	11	2023 年 2 月	2024 年 8 月	19	107.72	37.05	7.52	13.59	2139.26	E
	115	2043 年 12 月	2045 年 6 月	19	106.62	36.44	7.55	13.59	3052.68	E
	76	2037 年 5 月	2038 年 9 月	17	107.78	37.32	7.47	12.37	1829.07	W
	29	2028 年 2 月	2029 年 4 月	15	106.02	36.13	7.43	11.58	1728.01	SE
	166	2462 年 12 月	2058 年 4 月	17	105.74	36.67	7.52	10.06	3351.49	NE
	154	2054 年 1 月	2055 年 5 月	17	107.63	36.97	6.99	9.93	1816.17	SE
	32	2029 年 7 月	2030 年 5 月	11	108.03	37.49	7.49	8.23	1083.58	N
	141	2049 年 4 月	2050 年 3 月	12	106.19	36.60	7.55	7.82	2038.79	E
	150	2053 年 1 月	2053 年 12 月	12	107.71	37.11	6.91	7.78	1385.45	S
SSP585	156	2060 年 10 月	2062 年 4 月	19	106.90	37.15	7.55	18.55	1394.30	E
	119	2045 年 11 月	2047 年 6 月	20	105.57	36.60	7.52	13.04	2690.14	SE

续表

气候情景	干旱编号	开始时间	结束时间	历时/月	干旱中心/(°) 经度	干旱中心/(°) 纬度	面积/$10^5 km^2$	烈度/(10^6月·km^2)	迁移距离/km	迁移方向
SSP585	142	2056 年 4 月	2057 年 9 月	18	106.19	35.97	7.45	12.37	2080.81	E
	151	2058 年 11 月	2060 年 5 月	19	106.96	36.62	7.50	11.43	2566.20	NE
	165	2066 年 1 月	2067 年 7 月	19	104.79	36.47	7.32	11.26	2589.36	N
	171	2069 年 6 月	2070 年 12 月	19	106.72	36.09	7.55	11.14	1737.10	N
	138	2054 年 7 月	2055 年 10 月	16	106.31	36.48	7.43	11.05	2103.57	NE
	168	2067 年 5 月	2068 年 8 月	16	107.23	37.09	7.48	10.30	1804.66	SE
	122	2047 年 8 月	2048 年 11 月	16	106.92	37.26	7.54	10.09	1959.91	SE
	19	2026 年 1 月	2026 年 11 月	11	106.84	36.85	7.55	8.64	1540.18	N

　　SSP585 情景下最严重的第 156 场干旱事件发生在 2060 年 10 月—2062 年 4 月，干旱烈度为 $18.55×10^6$ 月·km^2，干旱持续时间为 19 个月，干旱面积为 $7.55×10^5 km^2$，约占黄河流域总面积的 94.8%，总的迁移距离为 1394.3km，平均迁移速度为 73.38km/月，向东迁移。排在第 2 的第 119 场干旱事件的干旱烈度为 $13.04×10^6$ 月·km^2，干旱持续时间长达 20 个月，干旱面积为 $7.52×10^5 km^2$，约占黄河流域总面积的 94.5%，总的迁移距离为 2690.14km，以 134.51km/月的平均速度向东迁移。两种情景下其余场次的干旱事件历时也较长（均＞11 个月），干旱的影响范围覆盖面积较大，严重程度较高，表明黄河流域未来时期将处于一种连旱的状态，且随着排放情景的增加，黄河流域干旱状况整体上向严重化趋势发展。

　　SSP245 和 SSP585 情景下不同年代干旱特征变量的统计结果见表 6.6。SSP245 情景下，2050s 干旱事件最少，但在干旱历时、面积、烈度以及迁移距离四个方面的年代平均值均最大，干旱历时不低于 2 个月以及干旱面积占比不低于 50% 的干旱事件占比分别为 59.38% 和 28.13%，排序均为第一，说明 2050s 为黄河流域未来时期旱情最为严重的一个年代。其余各年代干旱严重程度依次为 2020s、2060s、2040s、2030s。其中 2030s 干旱事件最多，但干旱历时、烈度、面积以及干旱迁移距离平均均最小，干旱烈度为 $0.75×10^6$ 月·km^2，干旱面积不低于 50% 的干旱事件占比仅为 8.78%，说明该时段黄河流域干旱严重程度相对较弱。结合表 6.5，未来时期黄河流域最严重的前 10 场干旱事件中，2020s 有 3 场，2030s 有 1 场，2040s 有 2 场，2050s 有 2 场，2060s 有 2 场。整体来看，SSP245 情景下未来时期黄河流域干旱事件的严重程度表现出先减弱后增强的趋势。

表 6.6　　　未来情景下黄河流域不同年代干旱特征变量统计结果

气候模式	年　份		2020s	2030s	2040s	2050s	2060s
SSP245	干旱事件数		37	57	50	32	39
	干旱历时/月	Mean	3.65	2.44	2.86	4.63	3
		Max	19.00	17.00	19.00	17.00	15.00
		SD	4.50	2.80	3.53	5.31	3.21
		≥2 占比	48.65	49.12	40	59.38	43.59
	干旱面积/10^6 km^2	Mean	2.23	1.48	2.05	2.67	2.37
		Max	7.55	7.47	7.55	7.52	7.54
		Min	0.33	0.24	0.27	0.30	0.26
		SD	2.62	1.75	2.19	2.81	2.53
		≥50％占比	24.32	8.78	16	28.13	25.64
	干旱烈度/(10^6 月·km^2)	Mean	1.71	0.75	1.10	2.12	1.38
		Max	13.59	12.37	13.59	10.06	14.68
		Min	0.04	0.04	0.04	0.05	0.03
		SD	3.31	1.98	2.43	3.31	2.76
	迁移距离/km	Mean	344.68	162.19	276.43	509.32	262.77
		Max	2508.96	1829.07	3052.68	3351.49	1564.03
		SD	636.29	320.12	586.52	844.74	434.09
SSP585	干旱事件数		42	51	35	28	16
	干旱历时/月	Mean	2.57	2.71	4.34	4.54	5.31
		Max	11	12	20	19	19
		SD	2.75	2.55	4.83	6.02	6.63
		≥2 占比	38.10	47.06	54.29	42.86	62.5
	干旱面积/10^6 km^2	Mean	1.83	2.01	2.51	2.90	3.34
		Max	7.55	7.20	7.554	7.55	7.55
		Min	0.24	0.25	0.26	0.25	0.29
		SD	2.33	2.17	2.41	2.97	3.11
		≥50％占比	14.29	23.53	38.57	35.71	37.5
	干旱烈度/(10^6 月·km^2)	Mean	1.02	0.84	1.71	2.61	2.99
		Max	8.64	4.38	13.04	18.55	11.26
		Min	0.03	0.04	0.03	0.04	0.04
		SD	2.09	1.24	2.97	4.78	4.37
	迁移距离/km	Mean	202.02	216.88	397.58	451.03	535.15
		Max	1856.42	1320.41	2690.14	2566.20	2589.36
		SD	425.96	339.95	637.78	753.56	832.69

注　Mean 表示平均值，Max 表示最大值，Min 表示最小值，SD 表示标准差。

　　SSP585 情景下，2060s 干旱事件最少，但在干旱历时、面积、烈度以及迁移距离四个方面的年代平均值均最大，干旱历时不低于 2 个月以及干旱面积占比不低于 50％的干旱事件占比分别为 62.5％和 37.5％，排序第一和第二，说明 2060s 为黄河流域未来时期旱情最为严重的一个年代。其余各年代干旱严重程度依次为 2050s、2040s、2030s、2020s。结合表 6.5，未来时期黄河流域最严重的前 10 场干旱事件中，2020s 有 1 场，2030s 有 0 场，2040s 有 2 场，2050s 有 3 场，2060s 有 4 场，其中最严重的干旱事件发生在 2060s。整体来看，SSP585 情景下未来时期黄河流域干旱事件的严重程度呈现逐渐增强的趋势。

　　总体来看，SSP245 情景下未来时期黄河流域干旱呈现波动减缓后又增加的变化趋势，SSP585 情景下的干旱有朝着历时、面积和迁移距离逐渐增大以及干旱烈度逐渐增强的趋势发展，说明 SSP585 情景下未来时期黄河流域旱情较为严重。

　　根据干旱历时、烈度和面积综合考虑了 SSP245 和 SSP585 情景下黄河流域 2021—2070 年的干旱变化特征如图 6.10 和图 6.11 所示。SSP245 情景下，未来初期和未来中期发生干旱的频次分别为 4.7 次/a 和 4.0 次/a，平均烈度分别为 0.11×10^6 月·km^2 和 0.15×10^6 月·km^2，影响面积分别为 1.78×10^5 km^2 和 2.32×10^5 km^2，发生长历时（大于 10 个月）的干旱事件分别为 7 次和 10 次。其中，2021—2030 年间，黄河流域会发生历时较长、烈度和面积均较大的干旱事件；2031—2037 年间发生干旱的历时、烈度和面积均较小；2041—2063 年间严重干旱事件和轻微干旱事件呈平稳的交替状态发生；2065—2067 年间几乎没有干旱事件发生，2068 年之后又发生较为严重的干旱事件。SSP585 情景下，未来初期和未来中期发生干旱的频次分别为 4.7 次/a 和 2.63 次/a，平均烈度分别为 0.92×10^6 月·km^2 和 2.23×10^6 月·km^2，影响面积分别为 1.93×10^5 km^2 和 2.82×10^5 km^2，发生长历时（大于 10 个月）的干旱事件分别为 2 次和 11 次。未来初期虽然短期干旱影响面积较大，但短期干旱事件的历时、烈度均较小，且干旱烈度和面积均呈减小的趋势，说明 SSP585 情景下未来初期黄河流域不会发生较为严重的干旱事件。而未来中期干旱历时、烈度和面积均呈增加的趋势，且严重干旱事件和轻微干旱事件呈现交替发生的状态。

　　综上所述，随着排放情景的增大，未来初期干旱化严重程度呈减弱的趋势，未来中期干旱化严重程度呈增加的趋势，这与 6.2.1 节综合干旱指数未来时间变化趋势保持一致。

　　不同情景下不同时期干旱强度的经验累积分布函数如图 6.12 所示。两种情景下不同时期干旱强度大于 5 的概率均有明显的增加，尤其是 SSP585 情景下未来中期。例如，与历史时期的 12.1％的概率相比，SSP245 情景下，2021—2040 年的概率为 12.9％，2041—2070 年的概率为 15.6％；SSP585 情景下，2021—

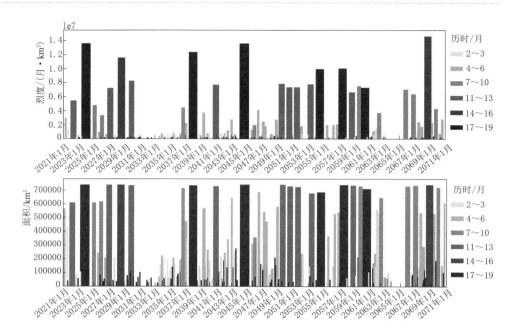

图 6.10　SSP245 情景下黄河流域 2021—2070 年综合干旱时间变化
（条形图的宽度与持续时间对应）

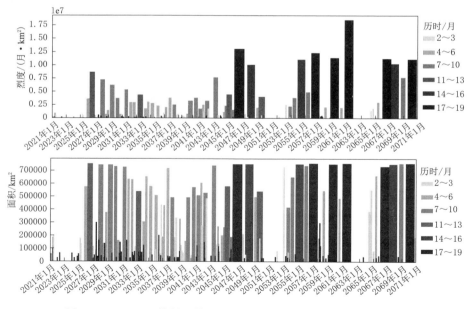

图 6.11　SSP585 情景下黄河流域 2021—2070 年时间变化条形图
（条形图的宽度与持续时间对应）

2040年的概率为12.3%，2041—2070年的概率为24.1%。这些结果显示相对于历史时期，21世纪黄河流域的干旱强度将会增加，这与6.2.3节的分析结果保持一致。这就意味着未来时段频繁发生的高强度干旱事件可能会造成黄河流域供水安全和农业生产的安全稳定性面临着巨大的威胁。

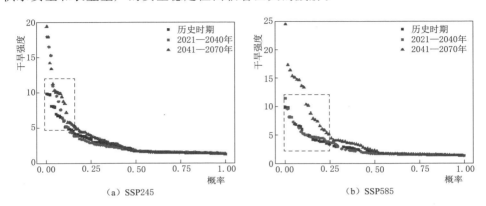

图6.12   不同情景下不同时期干旱强度的经验累积分布函数

注   概率是$P[X>x]$，虚线框显示干旱强度的超越概率（$P[X>x]$）小于20%。

6.3.2　综合干旱时空动态演变模拟及预测

根据识别出来的干旱事件中心的经纬度坐标确定其在黄河流域的地理位置，绘制SSP245和SSP585情景下未来时段干旱烈度和干旱面积的空间分布如图6.13所示。图中圆圈大小代表干旱面积，色带颜色表示干旱烈度。从图中可以看出，干旱烈度范围为0.03～14.68，两种情景下干旱区在烈度和面积的空间分布上有很大不同。

SSP245情景下，2020s干旱事件主要分布在青海、内蒙古、陕西以及山西地区，强烈度、大面积的干旱事件集中在内蒙古东部和陕西西部地区，表明这两个地区是2020s黄河流域两个重要的干旱中心；2030s干旱事件由西向东分散分布在黄河流域，干旱事件明显多于2020s，其中大面积的干旱事件主要集中在

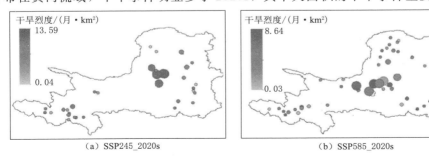

图6.13（一）   SSP245和SSP585情景下黄河流域未来时期干旱变量空间分布特征

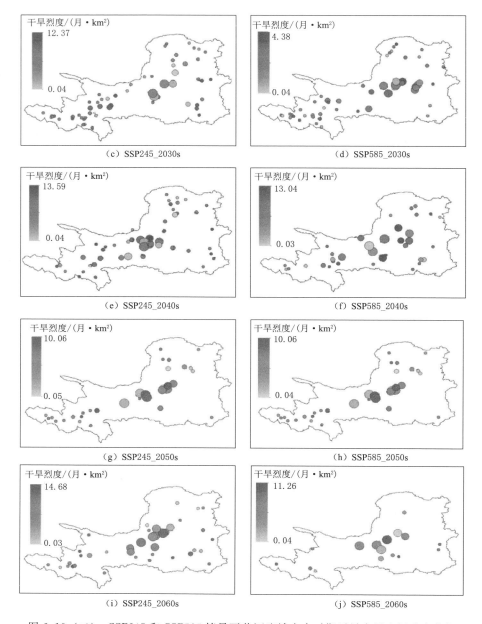

（c）SSP245_2030s

（d）SSP585_2030s

（e）SSP245_2040s

（f）SSP585_2040s

（g）SSP245_2050s

（h）SSP585_2050s

（i）SSP245_2060s

（j）SSP585_2060s

图 6.13（二） SSP245 和 SSP585 情景下黄河流域未来时期干旱变量空间分布特征

甘肃东部、内蒙古南部地区，高烈度的干旱事件主要分布在甘肃和陕西西部地区；2040s 干旱事件在黄河流域的分布特征与 2030s 类似，高烈度、大面积的干旱事件多于 2030s，且干旱集群在空间上发生了转移，主要集中在宁夏南部地区；2050s 干旱事件呈现减少的趋势且空间上沿西南—东北方向呈带状分布，小规模干旱事件主要分布在青海、内蒙古地区，高烈度、大面积的干旱事件主要集中在甘肃中部、宁夏南部以及陕西西部地区；2060s 小规模干旱事件主要集中在青海、内蒙古南部以及陕西中部地区，强烈度、大面积的大规模干旱事件有所增加。

SSP585 情景下，2020s 小规模干旱事件主要分布在青海和内蒙古地区，高烈度、大面积的干旱事件分布在甘肃与宁夏的交界处、甘肃和陕西西部地区；2030s 干旱事件呈增加的趋势，高烈度、大面积的大规模干旱事件向东发生了转移，主要分布在陕西东部地区以及甘肃、宁夏与陕西的交界处；2040s 和 2050s 干旱事件呈减少的趋势，高烈度、大面积的干旱事件均集中分布在宁夏南部和陕西西部地区；2060s 干旱事件持续减少，尤其是低强度、小面积的小规模干旱事件，其中高烈度、大面积的干旱集群空间分布位置与 2050s 类似。

综上所述，未来时期较严重的干旱事件大都集中在甘肃东部、宁夏南部以及陕西西部地区，并且随着排放情景的增大，小规模干旱事件呈减少趋势，高烈度、大面积的干旱事件呈增加趋势。

为了充分模拟并预测未来干旱事件时空动态演变特征，接下来分析 SSP245 和 SSP585 情景下典型干旱事件从旱情开始到旱情结束的逐月时空动态变化过程。

SSP245 情景下第 208 场综合干旱事件的逐月动态演变过程以及干旱中心的迁移路径如图 6.14 所示，图 6.14（c）中圆圈为逐月干旱中心，圆圈大小为逐月干旱强度，黑色箭头表示干旱的迁移轨迹，曲线长短表示干旱的迁移速度。由图可知，本场干旱事件时空连续演变过程为：2068 年 4 月发生于山西境内，干旱中心位于忻州市西北部，干旱面积约为 0.75×10^5 km²，占研究区总面积的 9.43%，平均烈度为 0.18×10^6 月·km²；紧接着旱情迅速向流域西南方向蔓延，干旱面积为 2.42×10^5 km²，干旱烈度为 0.45×10^6 月·km²，干旱中心向西南方向迁移 239.31km，此时干旱中心位于内蒙古自治区南部；6 月，干旱继续向西发展，旱情呈减缓趋势，干旱烈度为 0.26×10^6 月·km²，干旱中心位于银川市东部；7 月，旱情再次增强，干旱面积继续向南扩大，干旱烈度为 0.70×10^6 月·km²，干旱中心以 179.94km/月的速度向南迁移至甘肃东部；2068 年 8—12 月，干旱事件处于波动强化阶段，干旱严重程度在 12 月份达到高峰，平均干旱面积达到 7.26×10^5 km²，覆盖研究区 91% 以上区域，平均干旱烈度为 1.48×10^6 月·km²，干旱中心均集中在甘肃省庆阳市西部；2069 年 1—3 月，本场干旱事件呈现出衰减趋势，平均干旱面积为 6.83×10^5 km²，平均干旱烈度为 1.34×10^6 月·km²，此时干旱中心仍集中在甘肃省庆阳市西部；同年 4 月，干旱严重程度继续出现衰减，干旱面积缩小至 3.60×10^5 km²，

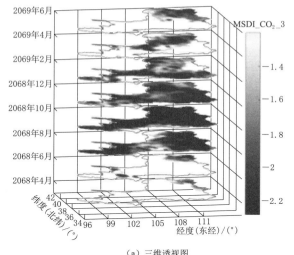

（a）三维透视图

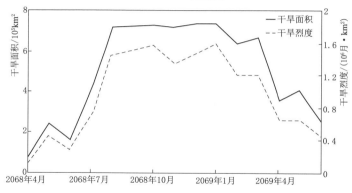

（b）特征变量时间趋势

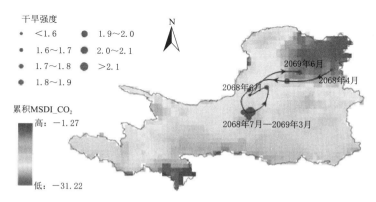

（c）干旱中心迁移路径

图 6.14　SSP245 情景下第 208 场（2068 年 4 月—2069 年 6 月）

干旱中心向东北方向迁移至内蒙古阿拉善盟南部；5月，干旱面积和烈度有所增加，但处于较低水平，旱情较弱，干旱中心向西南方向迁移至银川市东部；6月，干旱严重程度进一步衰减，干旱面积占比为31.07%，干旱烈度降至0.44×10^6 月·km^2，干旱中心向东北方向迁移至内蒙古赤峰市南部，并最终在此消亡。

SSP585情景下第138场综合干旱事件的逐月动态演变过程及干旱中心的迁移路径如图6.15所示。从图中可以看出，本场干旱事件于2054年7月起源于青海，干旱中心位于海西蒙古族藏族自治州北部，干旱面积约为0.52×10^5 km^2，仅占研究区总面积的6.54%，干旱烈度为0.08×10^6 月·km^2；8月，干旱面积和烈度处于上升阶段，但旱情较弱，干旱中心向东南方向迁移89.26km至玉树藏族自治州东北部；9月，旱情迅速向流域东部蔓延，干旱面积为3.20×10^5 km^2，干旱烈度为0.55×10^6 月·km^2，干旱中心迁移至甘肃省天水市北部；10月，干旱继续向北发展，旱情呈增加趋势，干旱烈度为0.87×10^6 月·km^2，干旱中心位于甘肃省平凉市西部；11月，旱情持续增强，干旱面积继续向东、向北扩大，干旱面积为5.35×10^5 km^2，干旱烈度为1.00×10^6 月·km^2，干旱中心向东北方向迁移至甘肃省庆阳市西北部；12月，干旱严重程度达到第一个峰值，干旱面积为6.09×10^5 km^2，覆盖研究区76%以上区域，干旱烈度为1.10×10^6 月·km^2，干旱中心位于庆阳市东北部；2055年1—2月，干旱严重程度出现衰减，干旱面积占比为45%～53%，平均干旱烈度为0.68×10^6 月·km^2，干旱中心分布在内蒙古阿拉善盟南部；3月，干旱面积和烈度呈增加趋势，干旱面积为5.20×10^5 km^2，干旱烈度为1.02×10^6 月·km^2，干旱中心以185.72km/月的速度向西南方向迁移至陕西省榆林市西部；4月，干旱严重程度持续增强，干旱面积继续向西扩大，干旱烈度为1.26×10^6 月·km^2，干旱中心位于榆林市和庆阳市的交界处；5月，旱情达到第二个峰值，同时也是本场干旱事件最严重的状态，干旱面积为6.99×10^5 km^2，覆盖研究区87%以上区域，干旱烈度为1.40×10^6 月·km^2，干旱中心向西迁移至宁夏吴忠市与甘肃省酒泉市交界处；6月，本场干旱事件呈现出衰减趋势，干旱面积为5.44×10^5 km^2，干旱烈度为1.07×10^6 月·km^2，干旱中心以175.86km/月的速度向西南方向迁移至宁夏固原市与甘肃平凉市交界处；7月，干旱严重程度继续衰减，干旱中心以378.97km/月的速度向西迁移至甘肃省定西市中部；2055年8—10月，干旱事件呈现波动衰减趋势并逐渐消亡，平均干旱面积为1.48×10^5 km^2，干旱烈度为0.26×10^6 月·km^2，干旱中心向流域西北方向迁移至青海省海西蒙古族藏族自治州北部。

综上所述，SSP245情景下第208场干旱事件从2068年4月至2069年6月共历时15个月，旱情经历了发生—强化—峰值—衰减—消亡5个过程，整体上

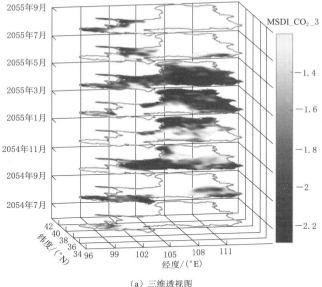

（a）三维透视图

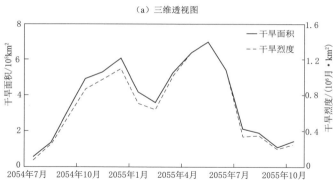

（b）特征变量时间趋势

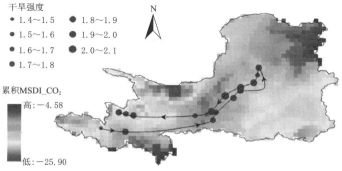

（c）干旱中心迁移路径

图 6.15 SSP585 情景下第 138 场（2054 年 7 月—2055 年 10 月）

干旱中心由东北向西南再向东北迁移，迁移路径大致为山西北部—内蒙古南部—宁夏东北部—宁夏东南部—内蒙古西南部—宁夏东部—内蒙古南部。SSP585 情景下第 138 场干旱事件从 2054 年 7 月至 2055 年 10 月，共历时 16 个月，旱情经历了发生—强化—衰减—再强化—峰值—再衰减—消亡 7 个过程，整体上干旱中心迁移路径大致为青海西北部—甘肃东部—内蒙古西南部—陕西西部—宁夏南部—甘肃东部—青海西北部。

6.3.3　综合干旱发展规律预测

本节统计了 SSP245 和 SSP585 情景下黄河流域各季节开始的干旱事件的发展规律如图 6.16 和图 6.17 所示。图中黑色实线箭头表示迁移方向，实线长短表示平均迁移距离。从图中看出，春、夏、秋、冬四季发生的干旱事件迁移方向和干旱严重程度在空间格局上存在显著差异。图 6.16 中 SSP245 情景下，春季干旱事件主要在黄河流域西南部和东南部地区活跃，且青海南部地区干旱较严重；位于西南部和东南部的干旱事件均以向北迁移为主，向北迁移的干旱事件占比 62.5%，东南部干旱事件迁移距离较长，西南部干旱事件迁移距离较短。夏季发生的干旱事件覆盖范围广，且严重程度高，尤其内蒙古北部、山西南部和河南地区；夏季干旱事件整体上向东迁移，迁移距离均较长。秋季发生干旱事件有所减少，严重程度较高的区域主要集中在青海南部、甘肃西南部、陕西东部以及山西，同时也是干旱事件的活跃区；向北迁移的干旱事件占比 45%，

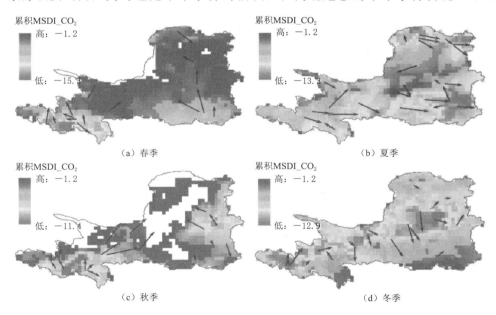

（a）春季　　　　　　　　　　　　　（b）夏季

（c）秋季　　　　　　　　　　　　　（d）冬季

图 6.16　SSP245 情景下黄河流域开始于各季节的干旱事件发展规律

其中青海地区主要向西北方向迁移，甘肃西南地区主要向东北方向迁移，迁移距离均较短；甘肃中北部地区迁移距离较长，均向东北方向迁移；陕西和山西地区均向西北方向迁移。冬季发生的干旱事件有所增多，严重干旱事件沿黄河流域从西南向东北呈带状分布；青海地区干旱事件主要向东北方向迁移，甘肃以东地区均向东南方向迁移。

图 6.17 中 SSP585 情景下，春季较严重的干旱事件主要在青海中南部、陕西南部以及河南地区，青海中南部、陕西南部地区为干旱事件活跃区，向东迁移的干旱事件占比 93%，其中位于青海中南部地区的干旱事件发展轨迹以向东迁移为主，迁移距离较短，甘肃东部和陕西地区均向东北迁移，迁移距离较长；夏季发生的干旱事件有所减少，干旱严重区域主要集中在青海西南部、宁夏北部、内蒙古、陕西北部和南部、山西北部以及河南地区，由于干旱事件分布广泛且迁移方向复杂，主导的发展路径较难跟踪；秋季发生干旱事件呈增加的趋势，发生严重干旱事件主要集中在青海中东部以及甘肃西南部地区，同时也是干旱事件的活跃区，干旱事件均向东南方向迁移，占比高达 71%，宁夏以东的区域干旱事件均向东北方向迁移；冬季发生干旱事件呈减少趋势，多发生在青海和内蒙古北部，没有明显的迁移路径和方向。

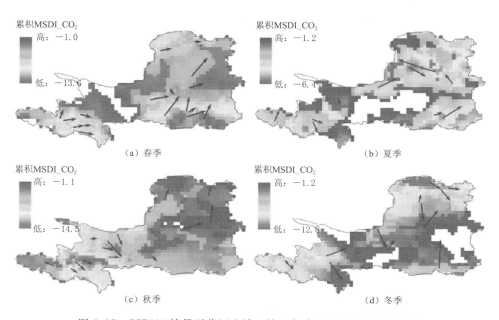

图 6.17　SSP585 情景下黄河流域开始于各季节干旱事件发展规律

综上所述，SSP245 和 SSP585 情景下，黄河流域未来季节干旱整体上以向东（东南和东北）迁移为主，春季干旱事件平均迁移距离最短，夏季干旱事件平均迁移距离最长，这主要是由气候条件的地域性差异造成的，黄河流域地势西高东低，降水量总体分布趋势由西北向东南逐渐递增，而平均气温总体表现出由西北向东南增加的趋势。

6.4　基于 Copula 函数的多特征频率分析

6.4.1　干旱特征变量边缘分布优选

短历时干旱事件会对单特征变量的假设检验以及参数估计结果产生影响。因此，本书选取历时持续 2 个月及以上的干旱事件进行频率分析。不同的干旱特征变量之间是相互关联的，而各组合变量相关关系对 Copula 函数的选择以及参数的确定有一定的影响。SSP245 和 SSP585 情景下不同干旱特征变量间的相关关系显著性检验结果见表 6.7 和表 6.8。从表中看出，两种情景下各组干旱特征变量之间的相关关系均通过 $p=0.01$ 的显著性检验，具有较强的相关性。说明干旱特征变量间具有较强的依赖性，利用 Copula 函数构建联合概率分布进行频率分析具有合理性。

表 6.7　　SSP245 情景下特征变量间的 Pearson 和 Kendall 相关系数

干 旱 变 量	Pearson 相关系数	Kendall 相关系数
历时–烈度	0.95[*]	0.65[*]
历时–面积	0.80[*]	0.74[*]
历时–距离	0.93[*]	0.72[*]
烈度–面积	0.84[*]	0.87[*]
烈度–距离	0.87[*]	0.71[*]
面积–距离	0.81[*]	0.71[*]

注　"*"表示通过 $p=0.01$ 显著性检验

表 6.8　　SSP585 情景下特征变量间的 Pearson 和 Kendall 相关系数

干 旱 变 量	Pearson 相关系数	Kendall 相关系数
历时-烈度	0.72[*]	0.62[*]
历时–面积	0.93[*]	0.75[*]
历时–距离	0.92[*]	0.75[*]
烈度–面积	0.77[*]	0.84[*]
烈度–距离	0.87[*]	0.73[*]
面积–距离	0.78[*]	0.67[*]

注　"*"表示通过 $p=0.01$ 显著性检验

在实际应用中，由于数据时间跨度和序列长度的不同，采用不合理的边缘分布会影响后续 Copula 函数构建概率模型，鉴于此有必要对干旱特征变量进行边缘分布优选。本书基于 7 种常用的概率分布函数，对黄河流域 SSP245 和 SSP585 情景下干旱历时、烈度、面积和迁移距离等特征变量进行边缘分布拟合，采用极大似然法进行估参。此外，本书利用 K-S、A-D 准则来评估 7 种概率分布对 4 个特征变量的拟合优度。SSP245 和 SSP585 情景下各干旱特征变量边缘分布的优选结果（表中黑色加粗）分别见表 6.9 和表 6.10。在 $p=0.01$ 的显著性水平，若通过 K-S 检验，确定 A-D 统计量最小值对应的分布作为最优边缘分布；若没有通过 K-S 检验，则直接舍弃。从表中看出，SSP245 情景下的干旱历时、烈度和迁移距离的最优分布函数均为 LogN，干旱面积的最优分布函数为 P-Ⅲ；SSP585 情景下的干旱历时、面积和迁移距离的最优分布函数均为 GP，干旱烈度的最优分布函数为 P-Ⅲ。

表 6.9 SSP245 情景下干旱特征变量边缘分布优选

干旱变量	K-S 检验							A-D 统计量							最优分布	参数
	Gam	LogL	LogN	Wb	P-Ⅲ	GEV	GP	Gam	LogL	LogN	Wb	P-Ⅲ	GEV	GP		
历时	√	√	√	√	√	√	√	2.94	0.53	**0.47**	4.31	4.49	1.36	0.74	LogN	$\sigma=1.219$ $\mu=0.795$ $r=1.414$
烈度	√	√	√	√	√	√	√	2.59	4.60	**0.75**	1.06	6.18	4.14	3.16	LogN	$\sigma=1.722$ $\mu=-0.205$
面积	×	√	×	√	√		√	4.80	2.77	2.97	2.89	**2.64**	4.61	2.87	P-Ⅲ	$r=0.096$ $\alpha=1.060$ $\beta=3.509$ $\gamma=0.365$
迁移距离	√	√	√	√	√	√	√	1.07	0.74	**0.64**	4.84	4.94	2.15	1.30	LogN	$\sigma=1.363$ $\mu=5.637$ $r=13.168$

表 6.10 SSP585 情景下干旱特征变量边缘分布优选

干旱变量	K-S 检验							A-D 统计量							最优分布	参数
	Gam	LogL	LogN	Wb	P-Ⅲ	GEV	GP	Gam	LogL	LogN	Wb	P-Ⅲ	GEV	GP		
历时	√	√	√	√	√	√	√	1.23	1.05	0.79	4.33	4.59	1.01	**0.52**	GP	$k=0.007$ $\sigma=5.177$ $\mu=1.166$
烈度	√	√	√	√	√	√	√	0.76	4.83	1.03	4.19	**0.49**	1.41	1.0	P-Ⅲ	$\alpha=0.625$ $\beta=4.730$ $\gamma=0.117$

续表

干旱变量	K-S 检验							A-D 统计量							最优分布	参数
	Gam	LogL	LogN	Wb	P-Ⅲ	GEV	GP	Gam	LogL	LogN	Wb	P-Ⅲ	GEV	GP		
面积	×	√	√	×	×	√	√	5.72	3.13	3.45	3.54	3.36	2.80	**1.70**	GP	$k=-1.033$ $\sigma=9.082$ $\mu=-0.303$
迁移距离	√	√	√	√	√	√	√	1.03	1.23	1.12	4.56	4.84	1.60	**0.88**	GP	$k=-0.037$ $\sigma=746.98$ $\mu=-45.519$

6.4.2　Copula 函数优选

基于单特征变量边缘分布的优选，从备选的 4 种 Copula 函数（Gumbel、Clayton、Frank 和 Joe）中为 SSP245 和 SSP585 情景下的不同干旱特征变量组合确定最优 Copula 函数来构建联合分布。基于 AIC、BIC、RMSE 准则的最优 Copula 函数的优选结果见表 6.11。AIC、BIC、RMSE 的值越小，说明 Copula 函数拟合优度检验结果越佳，最佳 Copula 函数用黑色加粗字体标识。

表 6.11　　　　　　　　　Copula 函数的拟合优度检验及参数

情景模式	Copula 函数	判别准则	Gumbel	Clayton	Frank	Joe	最优 Copula	参数
SSP245	历时-烈度	AIC	**-714.4**	-638.7	-691.3	-711.2	Gumbel	3.91
		BIC	**-711.8**	-636.0	-688.7	-708.6		
		RMSE	**0.0298**	0.0433	0.0334	0.0319		
	历时-面积	AIC	**-657.1**	-609.1	-653.4	-637.8	Gumbel	2.85
		BIC	**-654.5**	-606.5	-650.8	-635.1		
		RMSE	**0.0395**	0.0500	0.0402	0.0435		
	烈度-面积	AIC	-613.6	**-649.7**	-629.6	-565.7	Clayton	13.34
		BIC	-610.9	**-647.1**	-626.8	-563.0		
		RMSE	0.0489	**0.0410**	0.0453	0.0619		
	历时-烈度-面积	AIC	-674.5	-628.4	**-678.0**	-583.2	Frank	17.37
		BIC	-671.9	-625.8	**-675.4**	-580.6		
		RMSE	0.0363	0.0455	**0.0357**	0.0568		
	历时-烈度-面积-迁移距离	AIC	-692.1	-619.8	**-699.6**	-589.4	Frank	14.71
		BIC	-689.5	-617.2	**-697.0**	-586.8		
		RMSE	0.0333	0.0474	**0.0321**	0.0551		

续表

情景模式	Copula 函数	判别准则	Gumbel	Clayton	Frank	Joe	最优Copula	参数
SSP585	历时–烈度	AIC	−511.7	−492.0	**−518.4**	−483.7	Frank	14.18
		BIC	−509.3	−489.6	**−516.0**	−481.3		
		RMSE	0.0420	0.0474	**0.0403**	0.0499		
	历时–面积	AIC	−485.2	−489.0	**−492.6**	−362.3	Frank	8.59
		BIC	−482.8	−486.6	**−490.2**	−359.9		
		RMSE	0.0494	0.0483	**0.0472**	0.1055		
	烈度–面积	AIC	−470.6	**−490.1**	−477.8	−310.4	Clayton	10.52
		BIC	−468.2	**−487.7**	−475.4	−308.0		
		RMSE	0.0541	**0.0479**	0.0517	0.1453		
	历时–烈度–面积	AIC	−482.2	−495.0	**−495.6**	−288.6	Frank	15.35
		BIC	−479.8	−492.6	**−493.2**	−286.2		
		RMSE	0.0504	0.0465	**0.0464**	0.1663		
	历时–烈度–面积–迁移距离	AIC	−477.2	**−508.5**	−499.1	−283.3	Clayton	5.90
		BIC	−474.8	**−506.1**	−496.7	−280.9		
		RMSE	0.0519	**0.0428**	0.0453	0.1719		

　　由表可知，SSP245 情景下，历时–烈度和历时–面积组合中 Gumbel Copula 函数的 AIC、BIC、RMSE 值均最小，说明 Gumbel Copula 函数为历时–烈度和历时–面积组合的最优联合模型；Clayton Copula 函数为烈度–面积组合的最优联合模型；Frank Copula 函数在历时–烈度–面积和历时–烈度–面积–迁移距离的联合概率分布构建模型中表现最优。SSP585 情景下，Frank Copula 函数是历时–烈度、历时–面积和历时–烈度–面积组合的最优联合模型；Clayton Copula 函数是烈度–面积和历时–烈度–面积–迁移距离组合的最优联合模型。

　　SSP245 和 SSP585 情景下干旱历时–烈度、干旱历时–烈度–面积及干旱历时–烈度–面积–迁移距离的最优 Copula 函数的理论累积概率与经验累积概率之间的 PP 图如图 6.18 所示。可以看出不同组合干旱特征变量的联合分布的理论概率和经验曲线的具有良好的匹配度，沿 45°线两侧均匀分布，说明优选的分布函数可以很好地表征干旱特征变量间的联合概率分布。

6.4.3　综合干旱联合及条件发生概率

　　通常情况下，干旱特征变量间的联合发生概率分为"或"及"和"两种情况。"或"情况表示干旱历时和烈度中的一个变量大于某一特定值的情况，例如 P（$D>4\cup S>2\times10^6$ 月·km^2）；"和"情况表示干旱历时和烈度同时大于某一

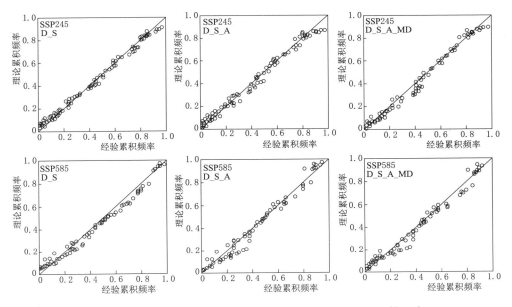

图 6.18　SSP245 和 SSP585 情景下黄河流域最优 Copula 的理论
累积概率与经验累积概率的 PP 图

特定值的情况，如 $P(D>5 \cap S>1\times10^6$ 月·km²$)$。SSP245 和 SSP585 情景下黄河流域干旱历时-烈度组合在"或"及"和"情况下联合发生的概率如图 6.19 所示。

从图中看出，两种气候情景下"或"情况的联合发生概率较高的范围要大于"和"情况，相同干旱特征变量组合条件下，"或"情况下的联合发生概率要高于"和"情况。以 SSP245 情景为例，干旱历时大于 4 个月，干旱烈度大于 2.2×10^6 月·km²，"或"情况下联合发生概率为 89.8%，"和"情况下联合发生概率为 79.1%。随着干旱特征变量的增大，两种情况下联合发生概率均呈减小的趋势，比如"或"情况下，干旱历时大于 5 个月和烈度大于 2.2×10^6 月·km² 的联合概率为 85.4%，干旱历时大于 5 个月和烈度大于 3.6×10^6 月·km² 的联合概率为 80.2%。SSP585 情景下联合发生概率与干旱特征变量的变化规律与 SSP245 情景类似。

SSP245 和 SSP585 情景下黄河流域干旱历时-烈度-面积的三维联合发生概率如图 6.20 所示。可以看出，两种情景下"或"情况下的联合发生概率要高于"和"情况下的。例如，SSP245 情景下，干旱历时大于 10 个月、干旱烈度大于 2.5×10^6 月·km²、干旱面积大于 3.5×10^5 km² 的"或"情况下的联合概率为 41.5%，"和"情况下的联合概率为 11.3%。SSP585 情景下干旱历时大于 2.3

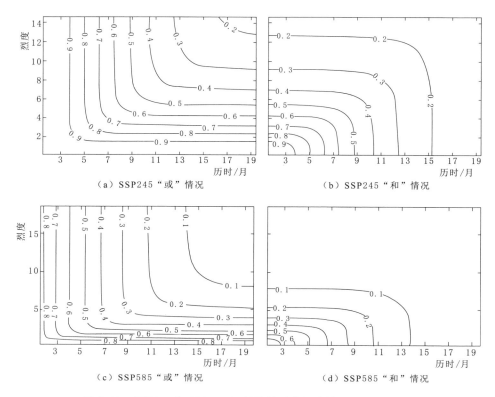

图 6.19　SSP245 和 SSP585 气候情景下黄河流域干旱历时-烈度
"或"及"和"情况联合发生概率

个月、干旱烈度大于 1.1×10^6 月·km²、干旱面积大于 4×10^5 km² 的"或"情况下的联合概率为 60.6%，"和"情况下的联合概率为 22.3%。

　　综上所述，如果只考虑"或"情况的联合概率会高估综合干旱发生的风险，如果只考虑"和"情况的联合概率又会低估综合干旱发生的风险。因此，两种情况均需要考虑，才能更好地预估综合干旱发生概率，更准确地分析干旱发生的风险。由此看见，定量捕捉联合概率的发生情况能为气候变化下的抗旱减灾及水资源管理提供有价值的信息。

　　干旱事件的条件发生概率可通过 Copula 函数的干旱事件的联合概率获得，SSP245 和 SSP585 情景下黄河流域给定干旱烈度大于特定值干旱历时的条件概率如图 6.21 所示。随着条件因子的增加，干旱历时发生的条件概率呈上升趋势，且上升幅度增加。SSP245 情景下，干旱烈度大于 1、3、5×10^6 月·km²，干旱历时大于 12 个月的干旱事件发生的条件概率分别为 13.7%、30.6% 和 50.6%，此外，条件概率曲线呈现出中间疏两头紧的特征，说明不同的干旱烈度条件下干旱历时条件发生概率的差异程度，如干旱烈度较大时，不同干旱历时的水平条件概率差异较小，且干旱历时的增加会提高中等干旱烈度的发生概率。SSP585 情景下发生条件概率的规律与 SSP245 情景下类似，这里不再赘述。

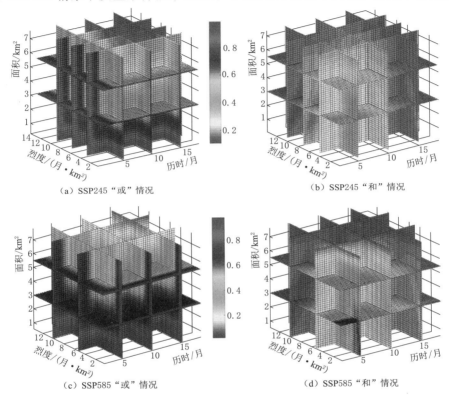

图 6.20　SSP245 和 SSP585 情景下黄河流域干旱历时-烈度-
面积"或"及"和"情况联合发生概率

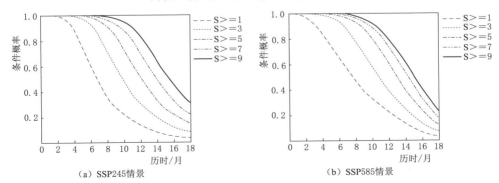

图 6.21　SSP245 和 SSP585 情景下黄河流域给定干旱烈度
大于特定值干旱历时的条件概率

条件发生概率对于评估极端干旱条件下的水资源系统保障能力具有重要意义，一定程度上可以为水资源管理者判断某一水资源系统是否能够满足给定干旱条件下的正常需水提供重要参考，并迅速确定所需辅助的水资源量最大程度缓解抗旱压力。

6.4.4　综合干旱事件多变量重现期特征

基于最优 Copula 函数计算各干旱特征变量组合情况下的联合重现期，SSP245 情景下干旱事件的平均时间间隔 $E=0.49$，SSP585 情景下 $E=0.62$，两种气候情景下黄河流域单变量和多变量综合干旱特征值重现期见表 6.12。由表可知，随着设计重现期的增加，单变量和多变量干旱特征值的联合重现期均呈增加趋势，且多变量干旱特征值的联合重现期小于单变量干旱特征值的重现期，SSP585 情景下干旱特征值重现期均大于 SSP245 情景下的。以 SSP245 情景为例，当设计重现期为 5 年时，干旱历时、烈度、面积和迁移距离分别为 10.63 月、6.63×10^6 月·km^2、7.44×10^6 km^2 和 1561.91km，对应的双变量干旱特征值的联合重现期分别为 4.23 年、3.98 年、3.63 年，较单变量干旱重现期分别减少了 15.4%、20.4% 和 27.4%；对应的三变量干旱特征值的联合重现期为 3.19 年，较单变量干旱重现期减少了 36.2%；对应的四变量干旱特征值的联合重现期为 2.37 年，较单变量干旱重现期减少了 52.6%。当设计重现期为 10 年，干旱历时、烈度、面积和迁移距离分别为 13.73 月、11.03×10^6 月·km^2、9.23×10^6 km^2 和 2454.95km，对应的双变量干旱特征值的联合重现期分别为 8.42 年、7.89 年、6.37 年，较单变量干旱重现期分别减少了 15.8%、21.1% 和 36.3%；对应的三变量干旱特征值的联合重现期为 5.27 年，较单变量干旱重现期减少了 47.3%；对应的四变量干旱特征值的联合重现期为 4.01 年，较单变量干旱重现期减少了 59.9%。综上可知，多变量干旱特征联合重现期一定程度上被低估，意味着干旱风险将被高估，造成防旱抗旱措施及技术不能满足实际要求[218]。

表 6.12　　　**SSP245 和 SSP585 情景下黄河流域综合干旱特征值**

单变量和多变量联合重现期

情景模式	重现期 T/年	2	5	10	20	50	100
SSP245	历时/月	6.94	10.63	13.73	17.15	22.21	26.49
	烈度	2.84	6.63	11.03	17.16	28.70	40.74
	面积	4.98	7.44	9.23	10.98	13.26	14.95
	迁移距离	735.05	1561.94	2454.95	3635.36	5740.42	7836.20
	历时-烈度	1.72	4.23	8.42	16.79	41.92	83.79
	历时-面积	1.63	3.98	7.89	15.74	39.26	78.46

续表

情景模式	重现期 T/年	2	5	10	20	50	100
	烈度-面积	1.73	3.63	6.37	11.53	26.66	51.71
SSP245	历时-烈度-面积	1.59	3.19	5.27	8.94	19.23	36.02
	历时-烈度-面积-迁移距离	1.24	2.37	4.01	7.11	16.81	33.66
	历时	8.30	12.92	15.61	17.77	19.98	21.27
	烈度	3.63	6.95	9.54	12.17	15.69	18.37
	面积	5.75	6.96	7.30	7.45	7.52	7.54
	迁移距离	801.74	1409.62	1859.79	2301.81	2873.84	3297.47
SSP585	历时-烈度	2.11	4.49	7.95	14.47	33.53	65.08
	历时-面积	1.60	3.39	6.06	11.18	26.26	51.29
	烈度-面积	1.75	3.66	6.39	11.56	26.68	51.73
	历时-烈度-面积	1.63	3.28	5.42	9.15	19.49	36.31
	历时-烈度-面积-迁移距离	1.48	2.73	4.53	7.94	17.90	34.27

以四变量干旱特征值联合重现期为例，SSP245 情景下黄河流域未来干旱联合重现期大于 3 年的综合干旱事件有 3 场，发生 1～3 年一遇的综合干旱事件有 34 场，小于 1 年的综合干旱有 65 场，占总干旱场次的 63.73%；SSP585 情景下黄河流域未来干旱联合重现期大于 3 年的综合干旱事件有 9 场，发生 1～3 年一遇的综合干旱事件有 27 场，小于 1 年的综合干旱有 45 场，占总干旱场次的 55.56%。SSP245 和 SSP585 情景下黄河流域四变量干旱特征值的联合重现期空间分布特征，如图 6.22 所示。图中圆圈大小代表干旱特征值联合重现期的大小，色带颜色表示年代。从图中可以看出，两种气候情景下干旱特征值的联合重现期有很大的不同。SSP245 情景下干旱特征值联合重现期均较小，范围为 0.5～3.2 年，其中未来初期（2021—2040 年）干旱特征值重现期小于 1 年的有 34 场，占比为 74%，主要分布在青海、甘肃西部、内蒙古东南部、陕西以及山西地区，意味着这些地区面临着较高的综合干旱风险；发生 1～4 年一遇的综合干旱事件有 13 场，主要集中在宁夏南部、甘肃东北部以及陕西西部地区；未来中期（2041—2070 年）干旱特征值联合重现期小于 1 年的有 31 场，占比为 55%，主要分布在青海和内蒙古中部地区；发生 1～4 年一遇的综合干旱事件有 25 场，主要集中在宁夏南部、甘肃以及陕西西部地区，意味着这些地区面临着较低的综合干旱风险。由上可知，SSP245 情景下黄河流域干旱联合重现期均不超过 4 年，干旱风险较低的区域主要集中在宁夏南部和陕西西部地区，且未来中期联合重现期较大的综合干旱事件较未来初期有所增加。

SSP585 情景下，干旱特征值联合重现期范围为 0.6～10.7，其中未来初

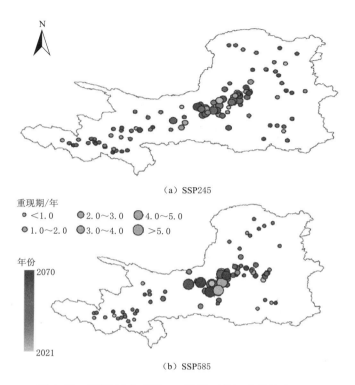

（a）SSP245

（b）SSP585

图 6.22　SSP245 和 SSP585 情景下黄河流域综合干旱
四变量联合重现期的空间特征

期（2021—2040 年）干旱特征值重现期均不超过 3 年，其中小于 1 年的有 25
场，占比为 62.5%，主要分布在青海和内蒙古地区，意味着这些地区面临着较
高的综合干旱风险；发生 1~3 年一遇的综合干旱事件有 15 场，主要集中在宁夏
南部、甘肃东北部以及陕西中西部地区；未来中期（2041—2070 年）干旱特征
值联合重现期小于 1 年的有 20 场，占比为 48.8%，主要分布在青海和内蒙古中
部地区；发生 1~5 年一遇的综合干旱事件有 15 场，主要集中在甘肃西部和陕西
中部地区，干旱特征值联合重现期大于 5 年的有 6 场，集中在宁夏甘肃陕西交界
处，意味着这些地区面临着较低的综合干旱风险。由上可知，SSP585 情景下黄
河流域干旱联合重现期较高的区域主要集中在宁夏、甘肃、陕西交界处，且未
来中期联合重现期较大的综合干旱事件较未来初期亦有所增加。

　　综上所述，黄河流域未来联合重现期较高的干旱事件主要集中在宁夏南部
和甘肃东北部地区，干旱高风险区主要分布在青海、内蒙古以及陕西地区。随
着排放情景的增大，综合干旱事件数有所减少，干旱重现期呈增加趋势，且未
来中期联合重现期较大的综合干旱事件较未来初期有所增加。

6.5 本 章 小 结

本章基于 CMIP6 气候模式数据和模拟的未来气候情景下黄河流域的径流和土壤水数据,计算 SSP245 和 SSP585 两种气候情景下的综合干旱指数 $MSDI\_CO_2$,从时间和空间尺度上预估 2021—2070 年黄河流域综合干旱趋势、强度、频率的时空演变特征;基于干旱事件三维识别方法提取多个干旱时空特征变量,追踪未来综合干旱时空连续演变过程,对黄河流域未来干旱进行动态模拟,揭示未来干旱发展趋势;基于最优的干旱特征变量边缘分布和 Copula 函数构建不同变量组合的联合分布函数并预测典型综合干旱事件重现期。主要结论如下:

(1) 未来气候情景下黄河流域春季呈现湿润化趋势,夏季、秋季和冬季均呈现干旱化趋势,SSP245 情景下黄河流域四季呈现干旱化趋势的面积表现为先增大再减小的特征,而 SSP585 情景下四季呈现干旱化趋势的面积表现为持续增加的特征,且与历史时期相比,黄河流域未来情景下季节干旱化面积呈增加趋势。

(2) 未来气候情景下,黄河流域容易发生中旱,其次是轻旱和重旱,且不同等级干旱发生频率随着排放情景的增加而增大。SSP245 和 SSP585 情景下,黄河流域干旱强度高值区随着时间推移呈增加趋势,且表现出由东北向西南逐渐扩散,直至覆盖整个黄河流域。

(3) 基于干旱事件三维识别结果,SSP245 情景下未来时期黄河流域干旱事件的严重程度表现为先减弱后增强的趋势,SSP585 情景下干旱事件的严重程度呈现逐渐增强的趋势。未来时期较严重的干旱事件大都集中在甘肃东部、宁夏南部以及陕西西部地区,且随着排放情景的增大,小规模干旱事件呈减少趋势,高烈度、大面积的干旱事件呈增加趋势。

(4) SSP245 和 SSP585 情景下,黄河流域未来季节干旱整体上以向东(东南和东北)迁移为主,春季干旱事件平均迁移距离最短,夏季干旱事件平均迁移距离最长,这主要是由气候条件的地域性差异造成的,黄河流域地势西高东低,降水量总体分布趋势由西北向东南逐渐递增,平均气温总体上也表现出由西北向东南增加的趋势。

(5) SSP245 和 SSP585 情景下,“和”情况下联合发生概率要低于“或”情况下。黄河流域未来联合重现期较高的干旱事件主要集中在甘肃东北部和宁夏南部地区,随着排放情景的增大,综合干旱事件数有所减少,干旱重现期呈增加趋势。

第 7 章

结 论 与 展 望

7.1 主 要 结 论

深入开展气候变化背景下干旱时空动态模拟及其发展规律预测研究，对于建立可靠的早期干旱预测机制，变被动抗旱为主动抗旱、科学抗旱具有重要的理论与现实意义。本书以黄河流域为研究区，利用观测数据对 CMIP6 中多个气候模式的降水和气温数据进行评估和优选，进而耦合 VIC 水文模型模拟干旱评估需要的水循环要素，构建多变量综合干旱指数 MSDI_CO$_2$ 并评估其适用性；基于干旱事件三维识别技术，实时追踪干旱迁移轨迹，揭示黄河流域未来综合干旱时空连续演变趋势，提高干旱预测水平；基于最优边缘分布以及 Copula 函数预测未来时期黄河流域综合干旱多特征变量的联合发生概率及重现期特征。主要的研究结论如下：

（1）基于 CMIP6 和 VIC 水文模型的黄河流域气象水文要素预测。

BCSD 时空降尺度方法对 CMIP6 气候模式数据的模拟偏差具有较好的改善效果。多模式集合平均能够较为准确地反映黄河流域降水与气温的时空分布特征。不同排放情景下，黄河流域的年降水量、最高气温、最低气温均随时间推移呈增加趋势，且 SSP585 排放情景下的增加趋势大于 SSP245 情景下。空间上，随着排放情景的增大，四季降水的变化速率随之增大，四季降水量高值区的范围也呈扩大趋势；四季最高气温变化趋势高值区面积占比呈减小趋势。

基于黄河流域气象水文资料、DEM、植被以及土壤数据在黄河流域构建了空间分辨率为 0.25°×0.25°，时间分辨率为日尺度的 VIC 水文模型，利用差分进化算法对研究区 6 个子区域分别进行参数率定，并以 1991—2005 年为率定期，2006—2010 年为验证期，评估水文模型的模拟精度。模拟结果显示，所有子流域对月径流的模拟相对误差均控制在 ±10% 以内，相关系数均达到 0.9 以上，纳什系数均超过 0.8。表明构建的 VIC 水文模型能够较好地模拟黄河流域天然条件下陆面水文过程，满足后续干旱模拟的精度要求。

　　不同排放情景下，未来时期花园口站年均径流量相对于历史时期均呈现减少，未来中期月均径流量小于未来初期，且 SSP245 情景下的月均径流量最大在 8 月，SSP585 情景下径流量高峰提前至 7 月。未来时期黄河流域径流深和土壤水在空间上自西向东由下降趋势转变为上升趋势，且随着排放情景的增加，呈上升趋势的面积均有所增加。

　　（2）基于综合干旱指数的黄河流域干旱时空演变特征。

　　基于黄河流域降水、考虑 CO_2 的潜在蒸散发以及 VIC 模型模拟的径流和土壤水数据，采用 Copula 方法构建了多变量综合干旱指数 MSDI_CO_2，和气象、水文、农业等单类型干旱指数一样能够较好地监测到干旱的开始、持续时间、结束等特征，MSDI_CO_2 指数同时也具有一定的干旱预警能力；与黄河流域历史旱灾记载对比，MSDI_CO_2 指数捕捉到的干旱事件与旱情记载基本一致，且能够较好地反映黄河流域受灾/成灾范围。

　　1991—2014 年黄河流域综合干旱均呈减缓趋势，春季、夏季和冬季呈湿润化趋势的区域主要集中在上游前段区域，秋季呈显著湿润化的区域沿流域大致呈西南-东北方向分布；黄河流域综合干旱具有 3 个月的主周期，分量 IMF1 决定着黄河流域月尺度 MSDI_CO_2 的变化趋势；黄河流域综合干旱频率随着干旱等级的升高而降低，夏季干旱强度呈上升的趋势，春季、秋季和冬季均呈下降的趋势。

　　黄河流域短时间尺度的 MSDI_CO_2 对 NDVI 的影响较大，综合干旱对大部分植被生长有 1~2 个月的累积影响，且 2 个月时滞效应对植被生长的影响最强，黄河流域上游地区的影响效应普遍大于中游地区。黄河流域综合干旱与植被生长状况在中长时间尺度上表现出相对稳定的显著正相关关系，在低于 8 个月的短时间尺度上表现为正负波动的相关关系特征。

　　（3）基于三维视角的黄河流域综合干旱动态演变及发展规律预测。

　　未来气候情景下，黄河流域春季呈现湿润化趋势，夏季、秋季和冬季均呈现干旱化趋势，且与历史时期相比，未来季节干旱化面积呈增加趋势；未来黄河流域容易发生中旱，且不同等级干旱发生频率随着排放情景的增加而增大；黄河流域干旱强度高值区随着时间推移呈增加趋势，且表现出由东北向西南逐渐扩散。

　　基于干旱事件三维识别结果，SSP245 情景下未来时期黄河流域干旱事件的严重程度表现为先减弱后增强的趋势，SSP585 情景下干旱事件的严重程度呈现逐渐增强的趋势；未来时期较严重的干旱事件大都集中在甘肃东部、宁夏南部以及陕西西部地区，且随着排放情景的增大，小规模干旱事件呈减少趋势，高烈度、大面积的干旱事件呈增加趋势；SSP245 和 SSP585 情景下，黄河流域未来季节干旱整体上以向东（东南和东北）迁移为主，春季干旱事件平均迁移距离最短，夏季干旱事件平均迁移距离最长。

不同排放情景下，"或"情况下的联合发生概率要高于"和"情况下；黄河流域未来联合重现期较高的干旱事件主要集中在宁夏南部和甘肃东北部地区，随着排放情景的增大，综合干旱事件数有所减少，干旱重现期呈增加趋势。

7.2　创　新　点

本书以影响因素复杂的黄河流域为研究区，耦合具有物理机制的水文模型，构建降水、考虑 CO_2 浓度影响的潜在蒸散发、径流和土壤水的多变量综合干旱指数，模拟并预测未来干旱时空动态演变过程及发展规律，为黄河流域抗旱减灾工作提供科技支撑，具有明显的区域特色和内容新颖特色。主要创新点包括以下三方面：

（1）针对 CMIP6 气候模式分辨率精度不高以及单一气候模式对流域气候模拟能力较弱的问题。本书基于 BCSD 方法对 6 个 GCMs 模式数据进行纠偏和时空降尺度处理，构建了多模式集合平均数据集。建立了黄河流域大尺度分布式水文模型与 CMIP6 的耦合模式，预测了黄河流域未来气象水文要素的变化规律，实现了对气候变化背景下流域水文过程响应特征的定量评估。

（2）由于干旱诱发因素的多样性及发展过程的复杂性，单类型干旱指数仅从单一角度描述干旱，难以全面客观评估复杂的干旱状况。本书融合降水、考虑 CO_2 的蒸散发、径流以及土壤水，利用联合概率分布函数构建了多变量综合干旱指数 MSDI_CO_2，与 SPEI_CO_2、SRI、SSMI 指数进行对比，验证其在黄河流域的适用性，为合理选取干旱指数提供理论参考。

（3）当前干旱事件演变研究中多是从一维（时间）和二维（空间）尺度上独立展开，忽略了干旱演变的时空动态连续特征。本书基于未来干旱指数格点数据序列，采用三维干旱识别方法提取多个捕捉干旱事件空间动态演变过程的特征变量，精准模拟连续时空尺度下的干旱迁移过程，客观有效地反映旱情变化，揭示未来干旱发展趋势，提高了干旱预测的动态空间跟踪能力，为开展区域干旱预测研究提供了新的思路。

7.3　展　　望

本书针对如何构建多变量综合干旱指数，如何从三维视角对干旱时空演变过程及发展规律进行动态模拟及追踪，以提高干旱预测能力等关键问题，开展了黄河流域气候模式数据优选、VIC 水文模型构建、多变量综合干旱指数 MSDI_CO_2 开发以及未来干旱事件时空动态演变模拟及发展规律预测研究。虽取得了一些研究成果，但存在一些问题有待进一步探索。

（1）考虑到数据的可用性及在研究区的适用性，本书仅选取了 6 个 CMIP6 气候模式，但随着 CMIP6 中气候模式的不断增加，目前 CMIP6 中已包含 40 多个机构的多个气候模式，在未来的研究中可选用更多的气候模式数据，对不同气候模式数据进行评估，优选模拟精度较高的气候模式数据，以降低模拟误差。

（2）近年来，人类活动和社会经济因素对区域水循环过程的影响日趋严重，进一步影响到干旱的形成与发展过程，如何定量区分自然因素和人类社会活动对干旱发生发展的贡献程度，需要进一步深入研究。今后可通过模型定量探究自然条件和人为影响下的干旱形成机制，为区域防旱抗旱提供科学依据。

参 考 文 献

［1］ 秦大河，Stocker T. IPCC 第五次评估报告第一工作组报告的亮点结论［J］. 气候变化研究进展，2014，10（1）：1－6.

［2］ Mishra A，Singh V. A Review of Drought Concepts［J］. Journal of Hydrology，2010，391：202－216.

［3］ Guo Y，Huang S，Huang Q，et al. Assessing socioeconomic drought based on an improved Multivariate Standardized Reliability and Resilience Index［J］. Journal of Hydrology，2019，568：904－918.

［4］ 张强，韩兰英，张立阳，等. 论气候变暖背景下干旱和干旱灾害风险特征与管理策略［J］. 地球科学进展，2014，29（1）：80－91.

［5］ Chang J，Li Y，Wang Y，et al. Copula－based drought risk assessment combined with an integrated index in the Wei River Basin，China［J］. Journal of Hydrology，2016，540：824－834.

［6］ Sheffield J，Wood E F，Roderick M L. Little change in global drought over the past 60 years［J］. Nature，2012，491（7424）：435－438.

［7］ AghaKouchak A，Feldman D，Hoerling M，et al. Water and climate：recognize anthropogenic drought［J］. Nature，2015，524（7566）：409－411.

［8］ Sutanto S J，Vitolo C，Di Napoli C，et al. Heatwaves，droughts，and fires：Exploring compound and cascading dry hazards at the pan－European scale［J］. Environment International，2020，134：105276.

［9］ Leng G，Tang Q，Rayburg S. Climate change impacts on meteorological，agricultural and hydrological droughts in China［J］. Global and Planetary Change，2015，126：23－34.

［10］ Huang J，Yu H，Guan X，et al. Accelerated dryland expansion under climate change［J］. Nature Climate Change，2016，6（2）：166－171.

［11］ Zhou L，Wu J，Mo X，et al. Quantitative and detailed spatiotemporal patterns of drought in China during 2001－2013［J］. Science of The Total Environment，2017，589：136－145.

［12］ Wernberg T，Smale D A，Tuya F，et al. An extreme climatic event alters marine ecosystem structure in a global biodiversity hotspot［J］. Nature Climate Change，2013，3（1）：78－82.

［13］ 许继军，杨大文. 基于分布式水文模拟的干旱评估预报模型研究［J］. 水利学报，2010，41（6）：739－747.

［14］ Hao Z，Hao F，Singh V P，et al. Probabilistic prediction of hydrologic drought using a conditional probability approach based on the meta－Gaussian model［J］. Journal of Hydrology，2016，542：772－780.

[15]　倪深海，顾颖. 我国抗旱面临的形势和抗旱工作的战略性转变 [J]. 中国水利，2011 (13)：25 - 26，34.

[16]　Huang S，Chang J，Leng G，et al. Integrated index for drought assessment based on variable fuzzy set theory：A case study in the Yellow River basin，China [J]. Journal of Hydrology，2015，527：608 - 618.

[17]　周帅，王义民，畅建霞，等. 黄河流域干旱时空演变的空间格局研究 [J]. 水利学报，2019，50 (10)：1231 - 1241.

[18]　姬广兴. 未来气候变化下黄河流域径流变化及旱涝灾害动态的地理计算 [D]. 上海：华东师范大学，2020.

[19]　Misra A K. Climate change and challenges of water and food security [J]. International Journal of Sustainable Built Environment，2014，3 (1)：153 - 165.

[20]　刘昌明，刘小莽，田巍，等. 黄河流域生态保护和高质量发展亟待解决缺水问题 [J]. 人民黄河，2020，42 (9)：6 - 9.

[21]　Wilhite D A. Drought，a Global Assessment [M]. London：Routledge，2000.

[22]　Wilhite D A，Glantz M H. Understanding：the drought phenomenon：the role of definitions [J]. Water International，1985，10 (3)：111 - 120.

[23]　WMO. International meteorological vocabulary [M]. World Meteorological Organization，1992.

[24]　FAO. Guidelines：land evaluation for rainfed agriculture [M]. Food and Agriculture Organization，1983.

[25]　Gumbel E J. Statistical forecast of droughts [J]. Bulletin of the International Assoeiation Scientific Hydrology，1963，8 (1)：5 - 23.

[26]　Palmer W C. Meteorological Drought [M]. U. S Department of Commerce，1965.

[27]　Wu J，Chen X，Yao H，et al. Non - linear relationship of hydrological drought responding to meteorological drought and impact of a large reservoir [J]. Journal of Hydrology，2017，551：495 - 507.

[28]　AMS. Policy statement：Meteorological drought [J]. Bulletin of the American Meteorological Society，1997，78：847 - 849.

[29]　孙灏，陈云浩，孙洪泉. 典型农业干旱遥感监测指数的比较及分类体系 [J]. 农业工程学报，2012，28 (14)：147 - 154

[30]　罗志文，王小军，尹义星，等. 青岛市气象和水文干旱变化特征分析 [J]. 水文，2019，39 (5)：84 - 90.

[31]　Hao C，Zhang J，Yao F. Combination of multi - sensor remote sensing data for drought monitoring over Southwest China [J]. International Journal of Applied Earth Observation and Geoinformation，2015，35：270 - 283.

[32]　Hao Z，Hao F，Singh V P，et al. An integrated package for drought monitoring，prediction and analysis to aid drought modeling and assessment [J]. Environmental Modelling & Software，2017，91：199 - 209.

[33]　Heim R. A review of twentieth - century drought indices used in the United States [J]. Bulletin of the American Meteorological Society，2002，83：1149 - 1166.

[34]　朱悦璐，畅建霞. 基于VIC模型构建的综合干旱指数在黄河流域的应用 [J]. 西北农

林科技大学学报（自然科学版），2017，45（2）：203-212.

[35] McQuigg J. A simple index of drought conditions [J]. Weatherwise, 1954, 7（3）：64-67.

[36] Rooy Van P M. A rainfall anomaly index independent of time and space [J]. Weather Bureau of South Africa, 1965（14）：43-48.

[37] 徐尔灏. 论年雨量之常态性 [J]. 气象学报，1950（Z1）：17-34.

[38] Benton, Stock G. Drought in the United States analyzed by means of the theory of probability [M]. Technical Bulletins, 1942.

[39] Bhalme H N, Mooley D A. Large-scale droughts/floods and monsoon circulation [J]. Monthly Weather Review, 1980, 108（8）：1197-1211.

[40] Kincer J B. The seasonal distribution of precipitation and its frequency and intensity in the United States [J]. Research progress report – Western Society of Weed Science, 1992, 3（3）：109-127.

[41] 韦开，王全九，周蓓蓓，等. 基于降水距平百分率的陕西省干旱时空分布特征 [J]. 水土保持学报，2017，31（1）：318-322.

[42] Zhang C, Liao Y, Song Y. The progress of dry – wet climate divisional research in China [J]. Earth Sciences, 2020, 9（1）：8-15.

[43] 朱飙，张强，李春华，等. 基于相对湿润度指数的西北地区春季第一场透雨研究 [J]. 干旱区地理，2021，44（1）：55-62.

[44] 张青雯，崔宁博，赵禄山，等. 基于相对湿润指数的云南省季节性干旱变化特征 [J]. 干旱地区农业研究，2020，38（4）：278-284.

[45] 杨少康，刘冀，张特，等. 长江上游流域地表干燥度时空变化特征及其对气象因子的响应研究 [J]. 水资源与水工程学报，2021：1-8.

[46] 尹春艳，赵举，戚迎龙，等. 兴安盟岭南地区干燥度指数变化特征及影响因素研究 [J]. 北方农业学报，2020，48（6）：108-113.

[47] 马柱国. 华北干旱化趋势及转折性变化与太平洋年代际振荡的关系 [J]. 科学通报，2007（10）：1199-1206.

[48] Kite G W. Frequency and risk analysis in hydrology water resources publication [M]. Water Resources Management, 1978.

[49] 马晓庆. 辽西北地区气候变化特征与旱涝区域响应 [D]. 大连：辽宁师范大学，2015.

[50] 吴子君，张强. SPI 指数分布函数在中国适用性的讨论 [C]. 西安：中国气象学会，2016.

[51] Bouaziz M, Medhioub E, Csaplovisc E. A machine learning model for drought tracking and forecasting using remote precipitation data and a standardized precipitation index from arid regions [J]. Journal of Arid Environments, 2021, 189：104478.

[52] Cheval S, Busuioc A, Dumitrescu A, et al. Spatiotemporal variability of the meteorological drought in Romania using the standardized precipitation index [J]. Climate Research, 2014, 60（3）：235-248.

[53] 李斌，解建仓，胡彦华，等. 基于标准化降水指数的陕西省干旱时空变化特征分析 [J]. 农业工程学报，2017，33（17）：113-119.

［54］ Guo H，Bao A，Liu T，et al. Spatial and temporal characteristics of droughts in Central Asia during 1966 – 2015 ［J］. Science of The Total Environment，2018，624：1523 – 1538.

［55］ Vicente Serrano S，Beguería S，Moreno J，et al. A new global 0.5° gridded dataset (1901 – 2006) of a multiscalar drought index：comparison with current drought index datasets based on the Palmer drought severity index ［J］. Journal of Hydrometeorology，2010，11：1033 – 1043.

［56］ 苏宏新，李广起. 基于SPEI的北京低频干旱与气候指数关系 ［J］. 生态学报，2012，32 (17)：5467 – 5475.

［57］ Drumond A，Stojanovic M，Nieto R，et al. Linking anomalous moisture transport and drought episodes in the IPCC reference regions ［J］. Bulletin of the American Meteorological Society，2019，100 (8)：1481 – 1498.

［58］ Zarei A，Moghimi M. Modified version for SPEI to evaluate and modeling the agricultural drought severity ［J］. International Journal of Biometeorology，2019，63 (7)：911 – 925.

［59］ 贾秋洪，景元书，Buaphean Ruthaikarn. 亚热带红壤丘陵区季节性干旱判别研究 ［J］. 江西农业大学学报，2015，37 (4)：749 – 758.

［60］ 吐尔洪·肉斯旦. 基于土壤含水量距平指数的塔里木流域时空演变特征 ［J］. 水利科技与经济，2021，27 (2)：66 – 72.

［61］ Kogen F N. Droughts of the late 1980s in the United States as derived from NOAA polar – orbiting satellite data ［J］. Bulletin of the American Meteorological Society，1995 (76)：655 – 668.

［62］ Palmer W C. Keeping track of crop moisture conditions，nationwide：the new crop moisture index ［J］. Weatherwise，1968，21 (4)：156 – 161.

［63］ Moran M S，Clarke T R，Inoue Y，et al. Estimating crop water deficit using the relation between surface – air temperature and spectral vegetation index ［J］. Remote Sensing of Environment，1994，49 (3)：246 – 263.

［64］ 齐述华，张源沛，牛铮，等. 水分亏缺指数在全国干旱遥感监测中的应用研究 ［J］. 土壤学报，2005 (3)：367 – 372.

［65］ 卫捷，陶诗言，张庆云. Palmer干旱指数在华北干旱分析中的应用 ［J］. 地理学报，2003 (S1)：91 – 99.

［66］ 胡彩虹，王金星，王艺璇，等. 水文干旱指标研究进展综述 ［J］. 人民长江，2013，44 (7)：11 – 15.

［67］ Shukla S，Wood A W. Use of a standardized runoff index for characterizing hydrologic drought ［J］. Geophysical Research Letters，2008，35：1 – 7.

［68］ Nalbantis I. Evaluation of a hydrological drought index ［J］. European Water，2008，23：67 – 77.

［69］ 任立良，沈鸿仁，袁飞，等. 变化环境下渭河流域水文干旱演变特征剖析 ［J］. 水科学进展，2016，27 (4)：492 – 500

［70］ 李敏，李建柱，冯平，等. 变化环境下时变标准化径流指数的构建与应用 ［J］. 水利学报，2018，49 (11)：1386 – 1395.

［71］ Sun X，Li Z，Tian Q. Assessment of hydrological drought based on nonstationary runoff data ［J］. Hydrology Research，2020，51（5）：894－910.

［72］ 李晓英，吴淑君，王颖，等. 淮河流域陆地水储量与干旱指标分析 ［J］. 水资源保护，2020，36（6）：80－85.

［73］ 翟家齐，蒋桂芹，裴源生，等. 基于标准水资源指数（SWRI）的流域水文干旱评估：以海河北系为例 ［J］. 水利学报，2015，46（6）：687－698.

［74］ Ohisson L. Water conflicts and social resource scarcity ［J］. Physics and Chemistry of the Earth，Part B：Hydrology，Oceans and Atmosphere，2000，25（3）：213－220.

［75］ Huang S，Huang Q，Leng G，et al. A nonparametric multivariate standardized drought index for characterizing socioeconomic drought：A case study in the Heihe River Basin ［J］. Journal of Hydrology，2016，542：875－883.

［76］ 陈金凤，傅铁. 水贫乏指数在社会经济干旱评估中的应用 ［J］. 水电能源科学，2011，29（9）：130－133.

［77］ Mendicino G，Senatore A，Versace P. A groundwater resource index（GRI）for drought monitoring and forecasting in a mediterranean climate ［J］. Journal of Hydrology，2008，357（3）：282－302.

［78］ Bloomfield J，Marchant B. Analysis of groundwater drought building on the standardized precipitation index approach ［J］. Hydrology and Earth System Sciences，2013，17：4769－4787.

［79］ Li B，Rodell M. Evaluation of a model－based groundwater drought indicator in the conterminous U. S ［J］. Journal of Hydrology，2015，526：78－88.

［80］ Thomas B F，Famiglietti J S，Landerer F W，et al. GRACE groundwater drought index：evaluation of California Central Valley groundwater drought ［J］. Remote Sensing of Environment，2017，198：384－392.

［81］ Peters E，van Lanen H A J，Torfs P J J F，et al. Drought in groundwater—drought distribution and performance indicators ［J］. Journal of Hydrology，2005，306（1）：302－317.

［82］ 屈艳萍，吕娟，苏志诚，等. 抗旱减灾研究综述及展望 ［J］. 水利学报，2018，49（1）：115－125.

［83］ 张迎，黄生志，黄强，等. 基于Copula函数的新型综合干旱指数构建与应用 ［J］. 水利学报，2018，49（6）：703－714.

［84］ Hao Z，Singh V P. Drought characterization from a multivariate perspective：A review ［J］. Journal of Hydrology，2015，527：668－678.

［85］ Zhang B，AghaKouchak A，Yang ,Y，et al. A water－energy balance approach for multi－category drought assessment across globally diverse hydrological basins ［J］. Agricultural and Forest Meteorology，2019，264：247－265.

［86］ Xia Y，Ek M，Mocko D，et al. Uncertainties，correlations，and optimal blends of drought indices from NLDAS multiple Land Surface Model ensemble ［J］. Journal of Hydrometeorology，2014，15：1636－1650.

［87］ Mo K，Lettenmaier D. Objective Drought classification using multiple Land Surface Models ［J］. Journal of Hydrometeorology，2014，15：990－1010.

［88］ Svoboda M，LeComte D，Hayes M，et al. The drought monitor［J］. Bulletin of the American Meteorological Society，2002，83（8）：1181 – 1190.

［89］ Hao Z，Hao F，Singh V，et al. A theoretical drought classification method for the multivariate drought index based on distribution properties of standardized drought indices［J］. Advances in Water Resources，2016，92：240 – 247.

［90］ 袁志伟. 基于 CI 指数的阿克苏市气象干旱分析［J］. 广东水利水电，2021（3）：35 – 37，49.

［91］ Keyantash J，Dracup J. An aggregate drought index：Assessing drought severity based on fluctuations in the hydrologic cycle and surface water storage［J］. Water Resources Research，2004，40：1 – 13.

［92］ 常文娟，梁忠民，马海波. 基于主成分分析的干旱综合指标构建及其应用［J］. 水文，2017，37（1）：33 – 38，82.

［93］ Liu Y，Zhu Y，Ren L，et al. On the mechanisms of two composite methods for construction of multivariate drought indices［J］. Science of The Total Environment，2019，647：981 – 991.

［94］ Rajsekhar D，Singh V P，Mishra A K. Multivariate drought index：An information theory based approach for integrated drought assessment［J］. Journal of Hydrology，2015，526：164 – 182.

［95］ 任怡，王义民，畅建霞，等. 陕西省水资源供求指数和综合干旱指数及其时空分布［J］. 自然资源学报，2017，32（1）：137 – 151.

［96］ Ma M，Ren L，Singh V P，et al. New variants of the Palmer drought scheme capable of integrated utility［J］. Journal of Hydrology，2014，519：1108 – 1119.

［97］ 粟晓玲，梁筝. 关中地区气象水文综合干旱指数及干旱时空特征［J］. 水资源保护，2019，35（4）：17 – 23.

［98］ Kao S C，Govindaraju R S. A copula – based joint deficit index for droughts［J］. Journal of Hydrology，2010，380（1）：121 – 134.

［99］ Zhu J，Zhou L，Huang S. A hybrid drought index combining meteorological，hydrological，and agricultural information based on the entropy weight theory［J］. Arabian Journal of Geosciences，2018，11（5）：1 – 12.

［100］ Hao Z，AghaKouchak A. Multivariate standardized drought index：A parametric multi – index model［J］. Advances in Water Resources，2013，57：12 – 18.

［101］ Huang S，Huang Q，Chang J，et al. Drought structure based on a nonparametric multivariate standardized drought index across the Yellow River basin，China［J］. Journal of Hydrology，2015，530：127 – 136.

［102］ 李勤，张强，黄庆忠，等. 中国气象农业非参数化综合干旱监测及其适用性［J］. 地理学报，2018，73（1）：67 – 80.

［103］ 叶红，张廷斌，易桂花，等. 2000—2014 年黄河源区 ET 时空特征及其与气候因子关系［J］. 地理学报，2018，73（11）：2117 – 2134.

［104］ 曹文旭，张志强，查同刚，等. 基于 Budyko 假设的潮河流域气候和植被变化对实际蒸散发的影响研究［J］. 生态学报，2018，38（16）：5750 – 5758.

［105］ Gao X，Peng S，Wang W，et al. Spatial and temporal distribution characteristics of reference evapotranspiration trends in Karst area：A case study in Guizhou Province，China [J]. Meteorology and Atmospheric Physics，2016，128（5）：677－688.

[106] Zhang B，Wang Z，Chen G. A sensitivity study of applying a two－source potential e-vapotranspiration model in the Standardized Precipitation Evapotranspiration Index for drought monitoring：Two－Source PET model is used and evaluated in calculating the SPEI [J]. Land Degradation ＆ Development，2016，28（2）：783－793.

[107] 毕彦杰，赵晶，赵勇，等. 京津冀地区潜在蒸散量时空演变特征及归因分析 [J]. 农业工程学报，2020，36（5）：130－140.

[108] 谭娇，丁建丽，董煜，等. 新疆艾比湖绿洲潜在蒸散量年代际变化特征 [J]. 农业工程学报，2017，33（5）：143－148.

[109] Novick K，Ficklin D，Stoy P，et al. The increasing importance of atmospheric demand for ecosystem water and carbon fluxes [J]. Nature Climate Change，2016，6（11）：1023－1027.

[110] Yang Y，Roderick M，Zhang S，et al. Hydrologic implications of vegetation response to elevated CO_2 in climate projections [J]. Nature Climate Change，2019，9（1）：44－48.

[111] Yang Y，Zhang S，Roderick M L，et al. Comparing Palmer drought severity index drought assessments using the traditional offline approach with direct climate model out-puts [J]. Hydrology and Earth System Sciences，2020，24：2921－2930.

[112] 张更喜. CO_2 浓度升高对中国未来潜在蒸散发及干旱预测的影响 [D]. 杨凌：西北农林科技大学，2021.

[113] 徐静，任立良，刘晓帆，等. 基于双源蒸散与混合产流的 Palmer 旱度模式构建及应用 [J]. 水利学报，2012，43（5）：545－553.

[114] 张宝庆，吴普特，赵西宁，等. 基于可变下渗容量模型和 Palmer 干旱指数的区域干旱化评价研究 [J]. 水利学报，2012，43（8）：926－934.

[115] Liu Y，Yang X，Ren L，et al. A new physically based self－calibrating Palmer drought severity index and its performance evaluation [J]. Water Resources Management，2015，29（13）：4833－4847.

[116] 李军，吴旭树，王兆礼，等. 基于新型综合干旱指数的珠江流域未来干旱变化特征研究 [J]. 水利学报，2021：1－12.

[117] Ayantobo O O，Li Y，Song S，et al. Spatial comparability of drought characteristics and related return periods in Mainland of China over 1961—2013 [J]. Journal of Hy-drology，2017，550：549－567.

[118] 陶然，张珂. 基于 PDSI 的 1982—2015 年我国气象干旱特征及时空变化分析 [J]. 水资源保护，2020，36（5）：50－56.

[119] 周平，周玉良，金菊良，等. 合肥市干旱识别及基于 Copula 的特征值重现期分析 [J]. 水电能源科学，2020，38（12）：1－5.

[120] 李增. 东北地区干旱特征及预测模型研究 [D]. 沈阳：沈阳农业大学，2021.

[121] 陈芳，刘绥华，阮欧，等. 基于 GRACE 重力卫星数据监测分析贵州干旱特征 [J]. 大地测量与地球动力学，2021，41（2）：201－205.

[122] 田忆，杨云川，谢鑫昌，等. 基于 IWAP 的广西干湿演变尺度效应与过程识别 [J].

热带气象学报，2020，36（5）：699－712.

［123］ 韩会明，刘喆玥，刘成林，等. 基于 Copula 函数的赣江流域气象干旱特征分析［J］. 水电能源科学，2020，38（8）：9－13.

［124］ 冯瑞瑞，荣艳淑，吴福婷. 基于 Copula 函数的宜昌水文干旱特征分析［J］. 水文，2020，40（2）：23－30，71.

［125］ 李克让，尹思明，沙万英. 中国现代干旱灾害的时空特征［J］. 地理研究，1996（3）：6－15.

［126］ Andreadis K，Clark E，Wood A W，et al. Twentieth－century drought in the conterminous United States［J］. Journal of Hydrometeorology，2005，6（6）：985－1001.

［127］ Zhai J，Huang J，Su B，et al. Intensity－area－duration analysis of droughts in China 1960－2013［J］. Climate Dynamics，2017，48（1）：151－168.

［128］ Shin H，Salas J D. Regional drought analysis based on neural networks［J］. Journal of Hydrologic Engineering，2000，5（2）：145－155.

［129］ Corzo G，Huijgevoort M F V，Van Lanen H. On the spatio－temporal analysis of hydrological droughts from global hydrological models［J］. Hydrology and Earth System Sciences Discussions，2011，15（9）：2963－2978.

［130］ Min S K，Kwon W T，Park E，et al. Spatial and temporal comparisons of droughts over Korea with East Asia［J］. International Journal of Climatology，2003，23（2）：223－233.

［131］ Spinoni J，Naumann G，Vogt J，et al. European drought climatologies and trends based on a multi－indicator approach［J］. Global and Planetary Change，2015，127：50－57.

［132］ 冯凯，粟晓玲. 基于三维视角的农业干旱对气象干旱的时空响应关系［J］. 农业工程学报，2020，36（8）：103－113.

［133］ 方国华，涂玉虹，闻昕，等. 1961—2015 年淮河流域气象干旱发展过程和演变特征研究［J］. 水利学报，2019，50（5）：598－611.

［134］ Hughes L，Benjamin. A spatio－temporal structure－based approach to drought characterisation［J］. International Journal of Climatology，2012，32：406－418.

［135］ Xu K，Yang D，Yang H，et al. Spatio－temporal variation of drought in China during 1961－2012：A climatic perspective［J］. Journal of Hydrology，2015b，526：253－264.

［136］ Zhu Y，Liu Y，Wang W，et al. Three dimensional characterization of meteorological and hydrological droughts and their probabilistic links［J］. Journal of Hydrology，2019，578：124016.

［137］ Chen X，Li F，Li J，et al. Three－dimensional identification of hydrological drought and multivariate drought risk probability assessment in the Luanhe River basin，China［J］. Theoretical and Applied Climatology，2019，137：3055－3076.

［138］ Herrera－Estrada J E，Satoh Y，Sheffield J. Spatiotemporal dynamics of global drought［J］. Geophysical Research Letters，2017，44：2254－2263.

［139］ Hao Z，Hao F，Xia Y，et al. A statistical method for categorical drought prediction based on NLDAS－2［J］. Journal of Applied Meteorology and Climatology，2016，

55：1049 – 1061.

[140] Deng J L. Control problems of grey systems [J]. Systems & Control Letters，1982，1 (5)：288 – 294.

[141] Jiang G，Yu F，Zhao Y. An analysis of vulnerability to agricultural drought in China using the expand grey relation analysis method [J]. Procedia Engineering，2012，28：670 – 676.

[142] Liu X，Song Y，Ma D，et al. The application of gray model and BP artificial neural network in predicting drought in the Liaoning Province [C]. 7th Annual Meeting of Risk Analysis Council of China Association for Disaster Prevention，2016：276 – 279.

[143] Mortensen E，Wu S，Notaro M，et al. Regression – based season – ahead drought prediction for southern Peru conditioned on large – scale climate variables [J]. Hydrology and Earth System Sciences Discussions，2018，22 (1)：1 – 26.

[144] Mishra A K，Desai V R. Drought forecasting using feed – forward recursive neural network [J]. Ecological Modelling，2006，198 (1)：127 – 138.

[145] Tian Y，Xu Y P，Wang G. Agricultural drought prediction using climate indices based on Support Vector Regression in Xiangjiang River basin [J]. Science of The Total Environment，2018，622 – 623：710 – 720.

[146] Han P，Wang P X，Zhang S Y，et al. Drought forecasting based on the remote sensing data using ARIMA models [J]. Mathematical and Computer Modelling，2010，51 (11)：1398 – 1403.

[147] Mossad A，Alazba A A. Drought forecasting using stochastic models in a hyper – arid climate [J]. Atmosphere，2015，6 (4)：410 – 430.

[148] 杨洁，王义民，畅建霞，等. PDSI 与马尔科夫耦合的干旱预测 [J]. 人民珠江，2016，37 (8)：1 – 5.

[149] Cancelliere A，Di Mauro G，Bonaccorso B，et al. Drought forecasting using the standardized precipitation index [J]. Water Resources Management，2007，21：801 – 819.

[150] 杨肖丽，郑巍斐，林长清，等. 基于统计降尺度和 SPI 的黄河流域干旱预测 [J]. 河海大学学报（自然科学版），2017，45 (5)：377 – 383.

[151] 莫兴国，胡实，卢洪健，等. GCM 预测情景下中国 21 世纪干旱演变趋势分析 [J]. 自然资源学报，2018，33 (7)：1244 – 1256.

[152] 黄国如，武传号，刘志雨，等. 气候变化情景下北江飞来峡水库极端入库洪水预估 [J]. 水科学进展，2015，26 (1)：10 – 19.

[153] Zhai J，Mondal S K，Fischer T，et al. Future drought characteristics through a multi – model ensemble from CMIP6 over South Asia [J]. Atmospheric Research，2020，246：105111.

[154] 马秀峰，夏军. 游程概率统计原理及其应用 [M]. 北京：科学出版社，2011.

[155] 陈利群，刘昌明，袁飞. 大尺度资料稀缺地区水文模拟可行性研究 [J]. 资源科学，2006 (1)：87 – 92.

[156] 李东，蒋秀华，王玉明，等. 黄河流域天然径流量计算解析 [J]. 人民黄河，2001 (2)：35 – 37，46.

[157] 丁相毅，贾仰文，王浩，等. 气候变化对海河流域水资源的影响及其对策 [J]. 自然

资源学报，2010，25（4）：604-613.

[158] Swain S, Hayhoe K. CMIP5 projected changes in spring and summer drought and wet conditions over North America [J]. Climate Dynamics，2015，44（9）：2737-2750.

[159] 尹晓东，董思言，韩振宇，等. 未来50a长江三角洲地区干旱和洪涝灾害风险预估 [J]. 气象与环境学报，2018，34（5）：66-75.

[160] 卢晓昱，任传友，王艳华. 气候变化背景下辽宁省未来气象干旱危险性风险评估 [J]. 自然灾害学报，2019，28（1）：65-75.

[161] IPCC. Climate change 1990：the IPCC scientific assessment [M]. Cambridge：Cambridge University Press，1990.

[162] IPCC. The supplementary report to the IPCC scientific assessment [M]. Cambridge：Cambridge University Press，1992.

[163] IPCC. Special report on emissions scenarios：a special report of working group Ⅲ of the Intergovernmental Panel on Climate Change [M]. Cambridge：Cambridge University Press，2000.

[164] 罗凤云. 21世纪东中国海海平面变化预测研究 [D]. 舟山：浙江海洋大学，2020.

[165] 夏松，刘鹏，江志红，等. CMIP5和CMIP6模式在历史试验下对AMO和PDO的模拟评估 [J]. 地球科学进展，2021，36（1）：58-68.

[166] Luo N, Guo Y, Gao Z, et al. Assessment of CMIP6 and CMIP5 model performance for extreme temperature in China [J]. Atmospheric and Oceanic Science Letters，2020，13（6）：589-597.

[167] 陈活泼，孙建奇，林文青，等. CMIP6和CMIP5模式对极端气候的模拟比较（英文）[J]. 科学通报（英文版），2020，65（17）：1415-1418.

[168] Zhou T, Zou L W, Chen X. Commentary on the Coupled Model Intercomparison Project Phase 6 (CMIP6) [J]. Advances in Climate Change Research，2019，15（5）：445-456.

[169] 翁宇威，蔡闻佳，王灿. 共享社会经济路径（SSPs）的应用与展望 [J]. 气候变化研究进展，2020，16（2）：215-222.

[170] Gao C, Su B, Krysanova V, et al. A 439-year simulated daily discharge dataset (1861—2299) for the upper Yangtze River, China [J]. Earth System Science Data，2020，12（1）：382-402.

[171] Wood A W, Leung L R, Sridhar V, et al. Hydrologic implications of dynamical and statistical approaches to downscaling climate model outputs [J]. Climatic Change，2004，62（1）：189-216.

[172] Taylor K E. Summarizing multiple aspects of model performance in a single diagram [J]. Journal of Geophysical Research，2001，106：7183-7192.

[173] 周洁琴. 基于贝叶斯模型平均的东北地区降水概率预报 [D]. 南京：南京信息工程大学，2021.

[174] 他志杰. 中亚地区干湿时空演变特征及未来情景预估研究 [D]. 乌鲁木齐：新疆大学，2019.

[175] 蒋帅，江志红，李伟，等. CMIP5模式对中国极端气温及其变化趋势的模拟评估 [J]. 气候变化研究进展，2017，13（1）：11-24.

［176］ 朱红霞，赵淑莉. 中国典型城市主要大气污染物的浓度水平及分布的比较研究［J］. 生态环境学报，2014，23（5）：791－796.

［177］ 张华，安琪，赵树云，等. 关于硝酸盐气溶胶光学特征和辐射强迫的研究进展［J］. 气象学报，2017，75（4）：539－551.

［178］ 黎云云. 气候和土地利用变化下流域干旱评估—传播—驱动—预测研究［D］. 西安：西安理工大学，2018.

［179］ Melaku N D，Renschler C S，Flagler J，et al. Integrated impact assessment of soil and water conservation structures on runoff and sediment yield through measurements and modeling in the Northern Ethiopian highlands［J］. Catena，2018，169：140－150.

［180］ 朱悦璐. 水文模型模拟的不确定性研究［D］. 西安：西安理工大学，2017.

［181］ 张灵. 桑干河上游流域径流泥沙对气候要素与土地利用变化的响应研究［D］. 北京：中国地质大学（北京），2017.

［182］ 张爱静. 东北地区流域径流对气候变化与人类活动的响应特征研究［D］. 大连：大连理工大学，2013.

［183］ 王盛萍，张志强，唐寅，等. MIKE－SHE 与 MUSLE 耦合模拟小流域侵蚀产沙空间分布特征［J］. 农业工程学报，2010，26（3）：92－98，386.

［184］ Xu Q，Chen J，Peart M R，et al. Exploration of severities of rainfall and runoff extremes in ungauged catchments：A case study of Lai Chi Wo in Hong Kong，China ［J］. Science of The Total Environment，2018，634：640－649.

［185］ Arnell N W. A simple water balance model for the simulation of streamflow over a large geographic domain［J］. Journal of Hydrology，1999，217（3）：314－335.

［186］ Liang X，Wood E F，Lettenmaier D P. Surface soil moisture parameterization of the VIC－2L model：Evaluation and modification［J］. Glob and Planetary Change，1996，13：195－206.

［187］ Liang X，Zheng X. A new surface runoff parameterization with subgrid－scale soil heterogeneity for land surface models［J］. Advances in Water Resources，2001，24：1173－1193.

［188］ Liang X，Lettenmaier D，Wood E，et al. A simple hydrologically based model of Land Surface Water and Energy Fluxes for GSMs［J］. Journal of Geophysical Research，1994，99：415－428.

［189］ Deardorff J W. Efficient prediction of ground surface temperature and moisture，with inclusion of a layer of vegetation［J］. Journal of Geophysical Research，1978，83：1889－1903.

［190］ Franchini M，Pacciani M. Comparative analysis of several conceptual rainfall－runoff models［J］. Journal of Hydrology，1991，122（1）：161－219.

［191］ Wang G Q，Zhang J Y，Jin J L，et al. Assessing water resources in China using PRECIS projections and a VIC model［J］. Hydrology and Earth System Sciences，2012，16（1）：231－240.

［192］ 王慧. 基于动态植被参数 VIC 陆面过程模型的土壤含水量模拟研究［D］. 北京：中国水利水电科学研究院，2018.

［193］ 陈童. 差分进化算法和樽海鞘群算法的改进与应用［D］. 西安：长安大学，2020.

[194] Storn R，Price K. Different evolution – A simple and efficient heuristic for global optimization over continumous spaces［J］. Journal of Global Optimization，1997，11（4）：341－359.

[195] Wang F，Wang Z，Yang H，et al. A new copula – based standardized precipitation evapotranspiration streamflow index for drought monitoring［J］. Journal of Hydrology，2020，585：124793.

[196] Hamed K H，Ramachandra Rao A. A modified Mann – Kendall trend test for autocorrelated data［J］. Journal of Hydrology，1998，204（1）：182－196.

[197] Guo Y，Huang S，Huang Q，et al. Copulas – based bivariate socioeconomic drought dynamic risk assessment in a changing environment［J］. Journal of Hydrology，2019，575：1052－1064.

[198] Yang Y，Roderick M，Zhang S，et al. Hydrologic implications of vegetation response to elevated CO_2 in climate projections［J］. Nature Climate Change，2019，9（1）：44－48.

[199] 刘懿. 多要素综合干旱指数构建及应用［D］. 南京：河海大学，2017.

[200] Wang J L，Li Z J. Extreme – Point symmetric mode decomposition method for data analysis［J］. Advances in Adaptive Data Analysis，2013，5（3）：1350015.

[201] Li H F，Wang J L，Li Z J. Application of ESMD method to air – sea flux investigation［J］. International Journal of Geosciences，2013，4（5）：8－11.

[202] 王盈盈，王志良，张泽中，等. 基于 SPEI 的贵州省分区干旱时空演变特征［J］. 灌溉排水学报，2019，38（6）：119－128.

[203] 佟斯琴. 气候变化背景下内蒙古地区气象干旱时空演变及预估研究［D］. 长春：东北师范大学，2019.

[204] Cooley S S，Williams C A，Fisher J B，et al. Assessing regional drought impacts on vegetation and evapotranspiration，a case study in Guanacaste，Costa Rica［J］. Applied Ecology，2019，29（2）：1834.

[205] 徐乔婷，陈涟，范月华，等. 基于 SPEI 指数的兰州干旱特征与气候指数的关系［J］. 水文，2021，41（2）：56－62.

[206] 王亚敏，张勃，郭玲霞，等. 地磁 Ap 指数与太阳黑子数的交叉小波分析及 R/S 分析［J］. 地理科学，2011，31（6）：747－752.

[207] 韦晓伟，张洪波，辛琛，等. 变化环境下流域气象水文要素的相关性演化［J］. 南水北调与水利科技（中英文），2020，18（6）：17－26.

[208] Lin Q，Wu Z，Singh V P，et al. Correlation between hydrological drought，climatic factors，reservoir operation，and vegetation cover in the Xijiang Basin，South China.［J］. Journal of Hydrology，2017，549（512－524.）.

[209] 朱烨. 黄河流域干旱时空演变及干旱传递特性研究［D］. 南京：河海大学，2017.

[210] 中华人民共和国水利部. 2010 年中国水旱灾害公报［S］. 中国水利部公报，2010.

[211] 周凯. 黄河流域干旱评估与预测［D］. 西安：西安理工大学，2020.

[212] 朱妮娜. 基于 GLDAS 和 GRACE 数据的塔里木河流域干旱综合评估［D］. 上海：华东师范大学，2020.

[213] 张华，徐存刚，王浩. 2001—2018 年西北地区植被变化对气象干旱的响应［J］. 地

理科学，2020，40（6）：1029－1038.

［214］ Zhao A，Yu Q，Feng L，et al. Evaluating the cumulative and time－lag effects of drought on grassland vegetation：A case study in the Chinese Loess Plateau［J］. Journal of Environmental Management，2020，261：110214.

［215］ 陈旭. 变化环境下滦河流域干旱演变特性分析及其未来情景模拟预估［D］. 天津：天津大学，2019.

［216］ Xu K，Yang D，Yang H，et al. Spatio－temporal variation of drought in China during 1961－2012：A climatic perspective［J］. Journal of Hydrology，2015，526：253－264.

［217］ Lamneithem H，Parmendra P D. Multivariate frequency analysis of meteorological drought using Copula［J］. Water Resource Management，2018（32）：1741－1758.

［218］ Ayantobo O O，Li Y，Song S B. Copula－based trivariate drought frequency analysis approach in seven climatic sub－regions of Mainland of China over 1961－2013［J］. Theoretical and Applied Climatology，2019，137：2217－2237.

［219］ 宋松柏，王小军. 基于 Copula 函数的水文随机变量和概率分布计算［J］. 水利学报，2018，49（6）：687－693.

［220］ Ganguli P，Reddy M. Evaluation of trends and multivariate frequency analysis of droughts in three meteorological subdivisions of western India［J］. International Journal of Climatology，2014，34（3）：911－928.

［221］ Xiao M Z，Yu Z B，Zhu L Y. Copula－based frequency analysis of drought with identified characteristics in space and time：a case study in Huai River basin，China［J］. Theoretical and Applied Climatology，2019，137：2864－2875.